Dietrich von Maltzahn

Querlage

Meine Erlebnisse als Arzt in Ost und West

In dankbarer Erinnerung
an meine ärztlichen Vorbilder
Prof. Dr. Eckehard Schütze und
MR Dr. Walter Schimanski

Dietrich von Maltzahn

QUERLAGE

Meine Erlebnisse als Arzt
in Ost und West

BOLTENHAGEN VERLAG

Inhalt

0 VORWORT

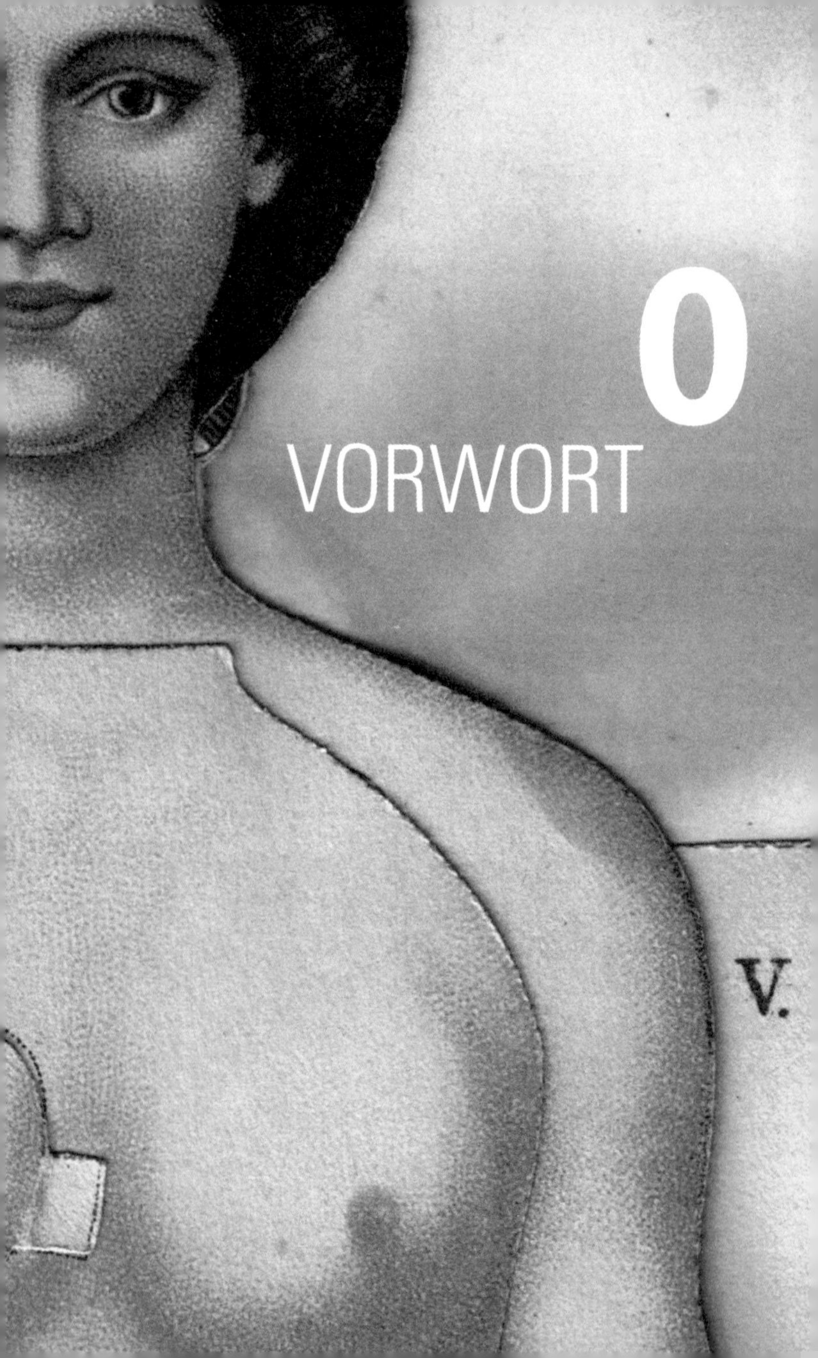

Wenn man mehr als ein halbes Jahrhundert aktiv mit der Medizin verbunden ist und dabei das zentralistische System in der DDR genau so kennengelernt hat wie das auf Gewinn ausgerichtete Versorgungsprinzip der medizinischen Freiberuflichkeit in der Bundesrepublik, dann kann man viel erzählen.

Die nachfolgenden Geschichten sind unverfälschte Berichte von Ereignissen, die tatsächlich so stattgefunden haben. Dabei mag mir der nicht medizinisch vorgebildete Leser manche allzu drastische Beschreibung verzeihen, ohne die jedoch der Wahrheitsgehalt des Erlebten geschmälert wäre. Berufsfremde erhalten Einblicke in eine andere Welt, erfahren Alltägliches aus dem Arztberuf. Wobei kein Tag dem anderen gleicht. Ich habe Überraschendes, Dramatisches, Trauriges, aber auch Heiteres erlebt. Mein Beruf hat viele Facetten.

Mögen die aufgezeichneten Episoden dazu beitragen, die Leistungen in den Krankenhäusern und Arztpraxen – ganz besonders die der Schwestern, Pfleger und Arzthelferinnen – besser zu verstehen und sie entsprechend zu würdigen.

Dietrich von Maltzahn, Lübeck im Dezember 2013

1
AUF UMWEGEN INS LEBEN

Start mit elfeinhalb Pfund

»Es ist wohl an der Zeit, dass wir einen Frauenarzt hinzuziehen sollten«, sagte die Hebamme zu meiner Mutter, »ich habe ein ungutes Gefühl. Immerhin war gestern bereits der errechnete Geburtstermin, und es tut sich nichts in Ihrem Bauch. Außerdem fühle ich den kindlichen Kopf auf der rechten Seite und nicht im kleinen Becken, wohin er gehört, wenn die Geburt bevorsteht.« Ratlosigkeit.

Mein besorgter Vater rief einen bekannten Frauenarzt und Geburtshelfer herbei. Nachdem dieser meine Mutter untersucht hatte, meinte er: »Das Kind ist unverhältnismäßig groß, doch das alleine beunruhigt mich nicht besonders. Nur, es hat nicht die richtige Lage in Ihrem Leib. Der Kopf kann nicht ins Becken eintreten, weil das Kind quer liegt. Im Krankenhaus würden wir jetzt einen Kaiserschnitt machen, doch dafür ist es nun zu spät.«

Meine Eltern waren erschrocken und wollten wissen, was jetzt geschieht. Der Arzt blieb ruhig: »Ich versuche eine sogenannte ‹äußere Wendung›.« Auf den verständnislosen Blick meiner Mutter erklärte er: »Das kann man machen, solange die Fruchtblase intakt ist. Wenn die allerdings geplatzt ist, und das

Fruchtwasser abgelaufen ist, sitzt das Kind wie eingemauert in der Falle und man kann es aus dieser Lage dann nicht mehr entbinden.«

Das klang nicht sehr ermutigend, und meine Mutter drängte: »Worauf warten Sie jetzt noch? Fangen wir an und bringen es hinter uns!«

Der Frauenarzt war kein Anfänger, er machte so etwas nicht zum ersten Mal. Aber im dritten Stockwerk eines großen Schweriner Mietshauses – ohne die Sicherheit einer Klinik – war dies auch für ihn eine Premiere. Mit einigen geübten Handgriffen gelang es ihm tatsächlich, eine Drehung des Sprösslings im Mutterleib herbeizuführen, so dass nun der Kopf am Eintritt zum kleinen Becken saß. Der Geburtshelfer war ganz schön ins Schwitzen gekommen, bis er schließlich verkündete: »Es ist geschafft, jetzt sprengen wir die Fruchtblase, und dann kann die Geburt beginnen.«

Das sagt sich alles so einfach, doch es dauerte noch etliche Stunden, bis sich die ersten kräftigen Wehen einstellten. Um Mitternacht war es dann endlich so weit. Als mein Kopf sich zeigte, rief die Hebamme: »Herr Doktor, schauen Sie, die Nabelschnur ist vor dem Kopf eingeklemmt, wir müssen uns sputen!« Der Arzt beeilte sich, meine Mutter zu ermuntern, kräftig zu pressen. Dabei stützte er sich auf ihren Bauch und erhöhte zusammen mit der Hebamme den Druck auf die Gebärmutter von oben durch intensives Kristellern – so nennt man den Handgriff, mit dem das Kind in Richtung Beckenachse gedrückt wird. Auch dieses Manöver war erfolgreich, denn nach kurzer Zeit war ICH geboren.

Stattliche elfeinhalb Pfund brachte ich auf die Waage. Diese Tatsache ließ mich später in meinem Berufsleben als Arzt im Angesicht stolzer Mütter, deren Kinder mit drei Monaten gerade einmal zehn Pfund wogen, zu der Äußerung hinreißen: »So leicht war ich nie!« Und allen meinen Freunden, die (sicher zu Recht !) bei manchen meiner Entscheidungen an meinem Verstand gezweifelt haben, sei gesagt: »Vergesst nicht, dass bei meiner Geburt die Nabelschnur um meinen Hals lag und die Blutzufuhr zum Gehirn eine gewissen Zeit abgesperrt war.« Meine schwierige Geburt sollte nicht die einzige Querlage in meinem weiteren Leben bleiben.

Kein Arbeiterkind, kein Medizinstudium

Wie schön und vor allem wie abwechslungsreich, wie immens wichtig und zukunftsweisend die Schulzeit war, weiß man erst, wenn sie vorüber ist. Was man in dieser Phase seines Lebens alles entdeckt hat! Angefangen beim eigenen Körper. Merkwürdig, wenn man spürt, wie die Hormone zu kreisen anfangen. Vom pubertären Gerangel bis zur ersten, heißen Liebesaffäre, alles fällt in diese Epoche. Begabungen geben sich zu erkennen und bilden sich stärker heraus. Beim einen sind es künstlerische Gaben, bei anderen sportliche Veranlagungen, welche förderungswürdig sind, oder ein außergewöhnliches mathematisches Talent, das es auf den richtigen Weg zu bringen gilt. Es ist die Zeit der Träume – und der Enttäuschungen.

Bei mir war außer einer vielfältigen sportlichen Veranlagung nichts Besonderes zu entdecken. Ob Turnen an Geräten oder Leichtathletik, ob Handball, Fußball oder Basketball, ich konnte alles und durfte unsere Schule in allen Mannschaftsdisziplinen nach außen vertreten. Mein Sprachtalent hielt sich in Grenzen. In Mathematik und Kunst war ich ein durchschnittlicher Mitläufer. Biologie und Chemie hingegen interessierten mich schon immer sehr. Vielleicht steckt da der Keim für den schon in frühen Jahren von mir gehegten Wunsch, Arzt zu werden.

Merkwürdig, in der Ahnentafel unserer uralten Familie waren zahllose Juristen, Künstler, Kaufleute, Diplomaten, Förster, Pastoren und Unternehmer zu finden, aber Ärzte? Egal, ich hatte mir nun einmal in den Kopf gesetzt, Arzt werden zu wollen, und davon war ich nicht abzubringen. Allerdings musste man mit einem sehr guten Abiturzeugnis aufwarten, wenn man sich Chancen zum Medizinstudium ausrechnen wollte. Meine Noten aber lagen in der eher unauffälligen Grauzone. Trotzdem stellte ich meinen Antrag zum Medizinstudium nach bestandenem Abitur.

Es vergingen einige Tage, bis mein Klassenlehrer mir mitteilte, ich solle mich beim Schuldirektor melden. Aufgeregt stieg ich die Stufen zum Obergeschoss empor, in dem sich das Dienstzimmer des Direktors befand. Beherzt klopfte ich an die Tür des Vorzimmers, wurde von der Schulsekretärin eingelassen und musste warten.

Nach geraumer Zeit öffnete sich eine dicke, gepolsterte Tür. Im Türrahmen stand der Direktor und blickte überheblich lächelnd auf mich herab. Dann forderte er mich auf, ihm in sein Zimmer zu folgen. Ich betrat einen hellen, großen Raum, in dessen Mitte ein schwerer, hölzerner Schreibtisch stand. Hinter dem Arbeitssessel prangte an der Wand ein überdimensionales Bild von Walter Ulbricht, dem 1. Mann der DDR, umrahmt von rotem Fahnenstoff. Der Direktor war ein Vollblut-Kommunist, mit Studium in Moskau, also ein linientreuer Genosse, dessen Unterrichtshauptfach natürlich Russisch war. »Was wünschen Sie, Dietrich, weshalb sind Sie zu mir gekommen?« begann er die Unterredung.

»Sie haben mich herbestellt, Herr Direktor, deshalb bin ich hier.« Ich war so aufgeregt, dass sich meine Stimme überschlug und meine Knie zitterten. »Ach ja«, erwiderte der Direktor, »da war doch die Sache mit Ihrem Antrag zum Medizinstudium. Sie werden verstehen, Dietrich, da ist auf der einen Seite Ihre adelige Abstammung und die großbürgerliche Familie, auf der anderen unser Arbeiter- und Bauernstaat. Wen werden wir wohl bei Anträgen auf so begehrte Studienplätze begünstigen, wenn es darum geht, die wissenschaftlich-technische Intelligenz für unser Land nachzubilden, den Sohn eines Arbeiters oder Sie?«

Nach dieser Aussage entstand eine mir unendlich lang vorkommende Minute des Schweigens. Ich wusste auch gar nicht, ob ich auf diesen als Frage formulierten Satz überhaupt antworten sollte. Ich war total enttäuscht und dachte nicht daran, etwas zu erwidern. Dann stand der Direktor unvermittelt aus seinem pompösen Sessel auf und entließ mich mit den Worten: »Dann sehen Sie mal zu, dass Sie die Sünden Ihrer Väter wieder gutmachen. Danach können wir ja noch einmal über Ihren Studienantrag beraten.«

Dieser Satz verschlug mir die Sprache. Ich war nicht einmal in der Lage, mich richtig zu verabschieden.

OP-Hilfspfleger ohne Linientreue

Zu Hause berichtete ich meiner Familie von diesem Gespräch. Gemeinsam beratschlagten wir, was zu tun sei. Ich hätte Sport oder Pädagogik studieren können, aber dazu fehlte mir die Lust. Ein Lehrerstudium hätte natürlich bedeutet, Kinder im sozialistischen Sinne zu unterrichten und zu erziehen. Das aber kam für mich unter keinen Umständen infrage.

Ich hatte als Zwölfjähriger den 17. Juni 1953 miterlebt, mit eigenen Augen gesehen, wie die Panzer am Pfaffenteich in Schwerin auffuhren und in Stellung gingen. Ich musste im selben Jahr erleben, wie meine Mutter und ihre drei Geschwister bei der »Aktion Rose« unter fadenscheinigen Vorwänden plötzlich verhaftet wurden, weil man den großelterlichen Betrieb, eine Bierbrauerei, in »Volkseigentum« überführen wollte. Es war nicht spurlos an mir vorübergegangen, dass mein einziger Bruder, der ein viel besseres Abitur hingelegt hatte als ich, 1957 in den Westen, in die Bundesrepublik, zu unserem Vater fliehen musste, weil man auch ihm den Zugang zum Studium verwehrt hatte. Er studierte dann in Hamburg Germanistik sowie Romanistik und erfüllte sich so seinen Berufswunsch. Mit anderen Worten: Mein staatsbürgerliches Bewusstsein hielt sich in engen Grenzen. Und das Gespräch mit meinem Schuldirektor hatte mir den Rest gegeben. Aber wie nun weiter?

Die Freunde und Geschwister meiner Mutter suchten mit mir gemeinsam nach einem vernünftigen Zukunftsweg für mich. Da ich erst 18 Jahre alt war, als ich Abitur machte, kamen wir überein, dass es vernünftig wäre und für das spätere Studium von Vorteil, wenn ich zunächst ein praktisches Jahr in einem Krankenhaus absolvieren würde. Unsere Bemühungen, einen geeigneten Platz für ein solches Arbeitsjahr in einem Krankenhaus zu finden, waren durch glückliche Umstände rasch erfolgreich. Ich wurde zum 1. September 1959 als OP-Hilfspfleger in der Chirurgischen Klinik des Bezirkskrankenhauses in Schwerin eingestellt.

In der Nacht zum 1. September 1959 hatte ich nur wenig geschlafen. Es war wie vor einer wichtigen Prüfung. Ich rannte die halbe Nacht nervös auf die Toilette, hatte Durchfall und musste pausenlos pinkeln. Als ich gegen halb sechs erschöpft einzuschlafen drohte, war meine Nacht zu Ende, und ich musste mich für meinen ersten Diensttag im Krankenhaus fertig machen. Was mich dort wohl alles erwartete? Ich hatte keine Ahnung von den Abläufen in Gesundheitseinrichtungen.

Pünktlich wie ein Maurer war ich zur Stelle. Zunächst meldete ich mich in der Verwaltung. Mit einem Laufzettel musste ich verschiedene Stationen aufsuchen. Schließlich landete ich im Chefarztsekretariat und wenig später beim Professor, dem Direktor der Klinik.

Dieser Mann war etwas ganz Besonderes. Sein legendärer Ruf als chirurgischer Handwerker reichte weit über die regionalen Grenzen hinaus. Er hatte auch eine Gastprofessur an der Universität in Rostock inne, wo er in jedem Semester einige Vorlesungen zu speziellen Themen hielt. Ich sollte diesen bedeutenden Arzt später noch gut kennen, achten und verehren lernen.

Er empfing mich an meinem ersten Arbeitstag mit großer Ruhe und Gelassenheit und ließ sich viel

Zeit im Gespräch, als er mir die Aufgaben erläuterte, die in den nächsten Monaten an meinem Arbeitsplatz auf mich warteten. Ich sollte eine Lücke schließen, die ein ausscheidender OP-Pfleger hinterließ. Neben zahlreichen OP-Schwestern – es wurde in zwei Operationssälen gleichzeitig operiert – gab es drei OP-Pfleger.

Ein Arbeitsteam je OP-Saal bestand aus zwei Schwestern und einem Pfleger. Von den beiden Krankenschwestern war eine als Instrumentenschwester steril eingekleidet und nahm direkt an der Operation teil. Die zweite, eine sogenannte »Unsterile«, hatte alle Hol- und Bring-Dienste im Operationssaal zu erledigen. Sie wechselte sich mit dem Pfleger ab, wenn es darum ging, bei kleineren Eingriffen, wie Blinddarm- oder Leistenbruchoperationen, die Äther-Tropfnarkose durchzuführen. Die Betäubungstechnik, die Anästhesie, hat sich in den vergangenen fünfzig Jahren bahnbrechend verändert.

Wenn ich bedenke, dass ich, ein absoluter medizinischer Laie, damals nach einer kurzen Einführung durch die leitende OP-Schwester regelmäßig Patienten narkotisiert und beliebig, nach eigenem Ermessen, erst Chloräthyl, dann Äther verabreicht habe, dann bin ich heute dankbar und heilfroh darüber, dass es bei meinen vielen Narkosen zu keinem Zwischenfall gekommen ist.

Es wurde in Wechselschicht gearbeitet, das heißt in Früh- und Spätschicht. Wer Spätdienst hatte, also von 14 bis 22 Uhr arbeitete, hatte die weiteren acht Stunden von 22 bis 6 Uhr früh Rufbereitschaft und schlief im Krankenhaus. Neben den Tätigkeiten im Operationssaal mussten die Pfleger im Team auch die zentrale Sterilisationsanlage bedienen. So ein Hochdrucksterilisator arbeitet mit mehreren Atmosphären Druck und Hitze. OP-Tücher, Tupfer, Mullplatten, Kittel und viele andere Textilen, zum Teil in Metalltrommeln verpackt, in deren Boden und Decke Löcher für den Dampfdurchtritt eingearbeitet waren, wurden auf diese Weise keimfrei gemacht. Außerdem gehörte zu den vielfältigen Pflichten eines OP-Pflegers, den Patienten für den jeweiligen Eingriff auf dem OP-Tisch richtig zu lagern, ihn nach der Operation in den Aufwachraum zu bringen und später den Transport auf die Station zu organisieren.

Sollte allerdings ein Patient während des Eingriffs sterben, Ärzte nennen das »exitus in tabula«, dann war es die traurige Aufgabe des Pflegers, den Leichnam direkt vom Operationssaal in das Pathologische Institut zu transportieren. Als »Unsteriler«

musste man im OP auch bei Amputationen die getrennten Gliedmaße, meistens waren es Beine, eingewickelt in OP-Tücher, direkt vom Tisch in Empfang nehmen und in die Heizung bringen, wo sie verbrannt wurden. Es handelte sich also um eine Vielzahl verschiedener Tätigkeiten, die alle sehr verantwortungsvoll, jedoch durchaus nicht immer leicht und angenehm zu verrichten waren. Ich sollte mich an sie gewöhnen und erkannte bald, dass der Beruf der Krankenschwester und des Pflegers eine hohe Qualifikation verlangt. Meine Hochachtung vor diesem Berufsstand stammt aus dieser Zeit und hat bis heute angehalten.

Eine unheimliche Narkose

»Herr von Maltzahn, seien Sie so freundlich, laufen Sie schnell ins Chefarztsekretariat und holen das Samenstrangrichtgerät. Ich benötige es dringend bei dieser Leistenbruchoperation«, sagte unvermittelt der leitende Oberarzt in OP 1 zu mir, bei dem ich als »Unsteriler« eingeteilt war und alle Zubringerdienste zu leisten hatte. Die geschah, nachdem ich in der zweiten Woche an meinem neuen Arbeitsplatz war und mich noch bemühte, alle Bereiche richtig kennenzulernen. »Jawohl, Herr Oberarzt«, antwortete ich dienstbeflissen und rannte eilig los. Etwas außer Atem kam ich im Parterre-Flur an. Kaum hatte ich angeklopft, trat ich auch schon ein, im Hinterkopf das Gefühl, dass Eile geboten war. Die Tür zum Chefarzt-Zimmer stand weit geöffnet, als die Sekretärin mich mit großen Augen ansah und fragte: »Was ist passiert, warum haben Sie es denn so eilig?« »Ich soll das Samenstrangrichtgerät holen, es wird dringend in OP 1 benötigt.«

Daraufhin brach im Nachbarraum, in welchem der Chefarzt an seinem Schreibtisch saß und den kleinen Dialog mit angehört hatte, ein schallendes Gelächter aus. »Hat der Spitzbube doch wieder einen Dummen gefunden, mit dem er seine Scherze machen kann.« Mit diesen Worten trat der Chef aus seinem Zimmer und fügte hinzu: »Sie sind nicht der Erste und werden auch nicht der Letzte sein, der auf diese Geschichte hereinfällt. Und bei dem nächsten Vorkommnis dieser Art werden Sie auf der Seite der Lacher sein.«

Und richtig, so war es auch. Wenn an den Universitäten die Semesterferien begannen, kam eine Schar junger Medizinstudenten in die Klinik, um ihr Praktikum, die Famulatur, zu absolvieren, die fester Bestandteil des Studiums ist. Immer aufs Neue schickte der smarte Oberarzt mit stereotyper Bösartigkeit einen der angehenden Ärzte ins Chefsekretariat, um besagtes Gerät holen zu lassen. Und jedes Mal war es ein voller Erfolg. So wie ich standen die jungen Leute dann wie begossene Pudel mit hochrotem Kopf vor dem Chirurgen und mussten sich die Lachsalven der Schwestern und Ärzte gefallen lassen.

Die Woche Spätdienst mit anschließender Nachtbereitschaft war oft sehr anstrengend. Nach dem normalen Achtstundentag folgten acht Nachtstunden, in denen nur zu oft die Hölle los war. Unfälle, besonders in den Wintermonaten, wenn Glatteis war, sorgten stets für Knochenbrüche kompliziertester Art. Außerdem halten sich geplatzte Mägen, vereiterte Blinddärme und Gallenblasen genau so wenig an einen Stundenplan wie Darmverschlüsse, Schnittverletzungen und Abszesse.

Ich erinnere mich noch sehr gut an eine meiner ersten Nächte im Bereitschaftsdienst, als ich gegen zwei Uhr morgens telefonisch mit der Bemerkung geweckt wurde: „Hochakute Blinddarmentzündung. Es muss sofort operiert werden. Sie sind heute Nacht für die Narkose zuständig. In 15 Minuten im OP!«

Ich sprang aus meinem Bett, schlüpfte so schnell ich konnte in meine weiße Krankenhauskleidung, band mir die dazugehörige weiße Schürze um und stürzte ins Treppenhaus, um möglichst schnell die zwei Treppen bis zum OP-Trakt hochzulaufen. Schwester Elfriede, unsere Gruppenleiterin, erwartete mich schon und wies mich an, den Patienten im Vorbereitungsraum in Empfang zu nehmen und auf dem OP-Tisch für die Operation vorzubereiten. Nichts Böses ahnend, tat ich, wie mir befohlen. Doch als ich an die Rollliege trat und den Patienten in Augenschein nahm, dachte ich, mich tritt ein Pferd. War es eine optische Halluzination, eine Fata Morgana oder anders geartete falsche Wahrnehmung? Vor mir lag der Mann, der bis vor wenigen Wochen mein Schuldirektor gewesen war, der mir mit sarkastischer Freude eröffnet hatte, ich solle die Sünden meiner Väter wieder gutmachen, bevor ich meinen Antrag zum Medizinstudium einreichen dürfe. Als mein Gegenüber mich schließlich auch identifiziert hatte und Hilfe suchend nach einer anderen Person Ausschau hielt, aber niemanden fand, sagte er mit stockender Stimme: »Dietrich, Sie hier? Wie kommt es, dass ich hier auf Sie treffe?«

»Sie haben dafür gesorgt, dass mein Studienantrag nicht weitergereicht wurde. Weil ich mich aber von meinem Berufsziel nicht abbringen lassen will, versuche ich über ein praktisches Jahr im Krankenhaus Pluspunkte zu sammeln und zum Studium zu kommen. Im übrigen werde ich Sie gleich unten herum rasieren und dann einschläfern. Ich bin nämlich in dieser Nacht für die Narkosen zuständig«, erwiderte ich. Wobei ich mir der Wirkung meiner Worte durchaus bewusst war. Dann bereitete ich alles für die Operation vor.

Bevor ich die Narkose einleitete, musste ich den Patienten, so verlangt es die Vorschrift, mit den Händen und Füßen am OP-Tisch festbinden. Dabei blickte ich meinem ehemaligen Direktor noch einmal in die Augen. Ich sah Angst, die blanke Angst! Auf der Stirn bildeten sich Bäche aus Schweißperlen. Wenn er hätte schreien können, er hätte geschrien. Wenn er in der Lage gewesen wäre, wegzulaufen, er wäre gerannt. Aber es half alles nichts, das Schicksal nahm seinen Lauf.

Ich selbst war von der Situation total überfordert. Flatterig, klitschnass unter den Achseln, voller innerer Unruhe hatte ich meine Position am Kopfende des Patienten eingenommen. Ich erklärte ihm mit knappen Worten, was in den nächsten Minuten passieren würde, dass er, wenn die Betäubungsmaske über Nase und Mund gestülpt sein würde, bei »eins« zu zählen anfangen müsse. Um alles andere würde ich mich dann schon kümmern.

Er sagte nichts, der stolze, hochmütige Schuldirektor. Er fügte sich stillschweigend in die Situation. „Fangen wir an«, sagte ich zu ihm und gab aus der Flasche mit dem Chloräthyl die ersten Tropfen auf die mullgefütterte Schimmelbusch-Maske. Er zählte: 1, 2, 3, 4, 5,..................17, 18, 19... Dann wurde die Sprache verwaschen und immer unverständlicher. Das war das Zeichen für mich, von Chloräthyl auf Äther umzusteigen. Die Atmung wurde ruhiger und das reflexartige, krampfartige Zittern am ganzen Körper ließ nach. Meine linke Hand fühlte ohne Unterlass den Puls an der Halsschlagader und registrierte einen gleichmäßigen, kräftigen Herzschlag. Ein letzter Blick auf die Pupillen – sie waren eng gestellt und reagierten nicht mehr auf Licht – signalisierte mir, dass ich das Zeichen zum Beginn der Operation geben konnte. Der Eingriff verlief schnell und reibungslos. Der Direktor hatte großes Glück gehabt. Sein Blinddarm war zwar dick und eitrig aufgetrieben, doch er war noch nicht geplatzt. So konnte ich nach etwa 30 Minuten die Narkose ausleiten und im Aufwachraum warten, bis der Patient wieder bei Bewusstsein war. Als der Pfleger der peripheren Station kam, um ihn abzuholen, blickte er einmal kurz zu mir auf und sagte nur ein Wort: »Danke«.

Zwei Tage später – ich hatte gerade meinen Dienst angetreten – ging eine Eilmeldung durchs Haus. Gegen 15 Uhr war ein Mann eingeliefert worden, der angeblich klinisch tot war. Es hieß, er sei angeschossen worden. Die gesamte OP-Abteilung war in Alarmbereitschaft. Die Frühschicht blieb länger und machte Überstunden. Der Chefarzt selbst führte Regie bei den Vorbereitungen zur Operation. Die Reanimationsmaßnahmen waren erfolgreich verlaufen. Der Patient lebte, war jedoch ohne Bewusstsein und hatte eine Menge Blut verloren. Eingehende Untersuchungen hatten ergeben, dass eine Gewehrkugel im Herzmuskel steckengeblieben war. OP 1 wurde klar gemacht, und eine doppelte Anzahl an Schwestern und Pflegern war für die Operation eingeteilt worden. Ich war als Unsteriler dabei und hatte das Vergnügen, den Professor bei der Arbeit zu sehen.

»Vergnügen« mag in diesem Zusammenhang die falsche Wortwahl sein, doch war es tatsächlich ein Erlebnis zu sehen, wie sich die geschmeidig arbeitenden Hände mit knappen Bewegungen in den verletzten Körper vorarbeiteten. Erstaunt war ich darüber, wie wenig es blutete! Das liegt offensichtlich am Operateur – wie schonend er agiert, dachte ich. Die Finger des Chefarztes bewegten sich gleichmäßig, ohne jede Hektik, wie große Spinnenbeine. Dabei drangen sie immer tiefer in den Thorax vor. Um an das Herz zu gelangen und dort operieren zu können, bedurfte es einer Intubationsnarkose. Der damit verbundene Überdruck erlaubte es, dass der Brustkorb geöffnet werden konnte, ohne dass die Lungenflügel zusammenschnurrten. Dann war es soweit: Durch die gesprengten Rippen hielt der Professor mit seiner linken Hand den Herzbeutel fest. Eine ganze Serie von Röntgenbildern diente der genauen Ortung der Gewehrkugel, die sich auf den Filmen als weißer Schatten gegen die Umgebung abhob. Mit sicherem Griff versenkte der Operateur eine schmale, lange Pinzette in der Herzmuskelwand und tastete sich mit geschlossenen Augen, nur dem Gefühl vertrauend, Millimeter für Millimeter vor. Plötzlich hielt er inne. Man beobachtete eine Gegenbewegung seiner Hand. Es war mucksmäuschenstill im Saal. Wenige Sekunden später glitt die blutbeschmierte Pinzette aus dem Operationsfeld heraus, und an der Spitze saß die metallene Kugel.

Der Professor strahlte hinter seinem Mundschutz und ließ das Geschoss in eine bereitgestellte Nierenschale fallen. Anerkennendes Nicken der Assistenten und strahlende Gesichter beim übrigen Personal zeugten von dem positiven Ausgang und der glänzenden Leistung des Professors. Es folgte Routinearbeit. Nachdem die Rippen verdrahtet und die Blutstillung penibel erfolgt waren, entfernten die Ärzte die Operationstücher – sie wurden alle gezählt, damit wirklich keines von ihnen im Operationssitus verblieb. Zum Abschluss wurden die verschiedenen Gewebe schichtweise vernäht, und dann beendete eine saubere Hautnaht den komplizierten Eingriff. Er hatte über fünf Stunden gedauert, war für die Chirurgen eine immense körperliche Belastung und für uns alle eine psychische Anstrengung.

Insgesamt waren sechs Blutkonserven notwendig gewesen, um den Patienten zu stabilisieren. Jeder, der an dieser Aktion mitgewirkt hatte, war froh und glücklich über den Ausgang der Operation. Auch in unserer Abteilung herrschte eine fast ausgelassene Stimmung, obwohl wir durch die Nacharbeit und Herrichtung des OP-Traktes noch mehr Arbeit hatten als sonst. Ich war an diesem Tage tief beeindruckt von der ärztlichen Kunst und um so entschlossener, an meinem Berufswunsch festzuhalten, koste es was es wolle.

Es ist beeindruckend, was sich alleine auf dem

Gebiet der Chirurgie in den zurückliegenden Jahren ereignet und verändert hat. Abgesehen von der Subspezialisierung in viscerale (Bauch-), Hand-, kosmetische, Transplantations-, Unfall-, Thorax-, Fuß-, Herz-, Gelenk-, Wirbelsäulen- und sonstige Chirurgiefächer sind die dazu gehörenden Techniken bei der operativen Vorgehensweise und der Anästhesie einem ständigen Wandel unterworfen. Um so höher war das Operationsergebnis einzuschätzen, dessen stummer Zeuge ich an jenem Tag vor mehr als einem halben Jahrhundert geworden war.

Meine Blutspende für die Rote Armee

Neben der Alltagsroutine gab es im Krankenhaus immer wieder Überraschungen. Eines Tages – wir arbeiteten in allen drei OPs auf vollen Touren – kam der Chefarzt mit einem hoch dekorierten russischen Offizier in unsere Abteilung. Ich denke, wir hatten es mit einem Oberst der Russischen Streitkräfte zu tun.

Die Sowjets unterhielten damals in Schwerin für ihre dort stationierte Garnison ein eigenes Militärkrankenhaus. Unser Professor erläuterte kurz den Grund des hohen Besuches. Die Russen benötigten dringend zwei Vollblutkonserven der Blutgruppe »0 Rh positiv«, die sie bei sich nicht so schnell auftreiben konnten. Es wurde an uns die Frage gestellt, wer die Merkmale der Blutgruppe »0 Rh positiv« besitze und ob er bereit sei, für einen Notfall zu spenden. Da es meine Blutgruppe war, zögerte ich nicht, mich zu melden.

Der russische Offizier zeigte sich hoch erfreut, trat dicht an mich heran und sprach in gebrochenem Deutsch mit mir. Ich antwortete ihm auf Russisch, was ich damals, frisch nach dem Abitur, noch ganz gut konnte. Unter anderem fragte mich der russische Arzt, wie die Blutspende vergütet werden solle. Ob ich Geld dafür haben wolle, oder ob er in den nächsten Tagen, wenn er unter seinen Soldaten einen entsprechenden, passenden Spender gefunden hätte, mit zwei Konserven kommen und mir das Blut rückübertragen solle. Wenn es ein frostiges Lächeln gibt, dann hatte ich es bei seinen Worten im Gesicht. Allein die Vorstellung, mir würde ein knapper Liter russischen Blutes, angereichert mit einer unbestimmten Menge Wodka, in meine Venen transfundiert, ließ mich erschaudern.

»Ich bin gesund und glaube, dass mein Körper in der Lage ist, den Blutverlust in kurzer Zeit auszugleichen«, äußerte ich knapp und fügte hinzu:

»Auch auf Geld möchte ich gerne verzichten. Niemand weiß, ob und wann er selbst einmal in die Notsituation kommt, auf Fremdblut angewiesen zu sein.« Der Oberst bedankte sich mit warmherzigen Worten beim Chefarzt, bei mir und der ganzen Belegschaft.

Anschließend ging ich in die Ambulanz. Dort wurde alles für die Blutspende vorbereitet. Nachdem eine Kontrolluntersuchung die Übereinstimmung meiner Blutgruppe mit der von den Russen angeforderten bestätigte, wurde mir das Blut abgezapft. Weil es zwei Konserven waren, die benötigt wurden, musste ich noch eine Stunde liegen bleiben. Puls und Blutdruck wurden in kurzen Abständen gemessen. Da alle Parameter normal waren, konnte ich meinen Dienst im Anschluss an diese Prozedur fortsetzen.

Am nächsten Tag folgte eine Riesenüberraschung. Unvermittelt, ganz ohne Anmeldung, erschien vormittags während der Dienstzeit eine fünfköpfige Abordnung aus dem sowjetischen Militärhospital bei uns im Krankenhaus. Unser Chefarzt kam mit einem ganzen Tross, bestehend aus den Oberärzten der Klinik, dem Verwaltungsdirektor, der Oberschwester des Hauses und den fünf russischen Gästen in den Vorraum der OP-Abteilung. Der Oberst, offensichtlich Chef des Hospitals, hielt eine kleine Ansprache, in der er sich für die uneigennützige, spontane Hilfe bedankte. Dann überreichte er mir einen riesigen Präsentkorb in einer Größe, wie ich ihn noch nie vorher gesehen hatte. Schinken, Wurst, Konserven – zwei sogar mit dem begehrten Kamtschatka-Krebsfleisch –, Käse, Pralinen, Südfrüchte, die wir damals in der DDR so gut wie niemals zu kaufen bekamen, und viele andere Leckereien waren dabei.

Mir wurde ganz warm ums Herz. Das alles überraschte mich in dieser Form, denn ich fand das, was ich getan hatte, nicht derart außergewöhnlich. Ich bin davon überzeugt, dass jeder gesunde junge Mensch so gehandelt hätte wie ich.

Dieses Erlebnis mit der Besatzungsmacht hat mich durchaus nachdenklich gemacht und offenbarte mir einmal mehr die Ambivalenz der Beziehung zwischen Russen und Deutschen. Meine späteren Erfahrungen mit der sozialistischen Diktatur passen so gar nicht zu dieser warmherzigen menschlichen Begebenheit, wie ich sie erleben durfte. Ich habe daraus gelernt, dass Macht nicht zwangsläufig dazu benutzt werden muss, den Schwächeren zu unterdrücken. Intelligent angewendet, kann sie viel Positives bewirken.

Nicht immer waren die Bereitschaftsdienstnächte so aufregend wie die mit meinem alten Schuldirektor und Russischlehrer.

Hormone schlafen nicht

Wenn es ruhig war, kein Unfall in die Aufnahme gebracht wurde und auch keine anderen Operationen anstanden, aß das Personal gemeinsam Abendbrot, spielte Karten oder unterhielt sich miteinander. Die meisten der OP-Schwestern waren jung, viele von ihnen sehr attraktiv, ebenso die jungen Assistenzärzte, die den vordergründigen Dienst zu versehen hatten. Wenn die Zeit fortgeschritten war und ich mich zurückzog, um schlafen zu gehen, entging mir durchaus nicht, wie der eine oder andere junge angehende Chirurg mit einer der hübschen, langbeinigen Schwestern verschwand.

Ich dachte mir mein Teil dabei. Wenn dann nachts noch einmal zur plötzlichen Operation gerufen wurde, war nicht zu übersehen, dass die jeweiligen Paare keine Minute geschlafen hatten. Sie sahen angespannt und mitgenommen aus. Mit zerzausten Haaren und geröteten Wangen standen sie im OP, machten ihre Arbeit und sprachen wenig. War der

Eingriff dann beendet und das Licht im Operationssaal erloschen, hatten sie nichts Eiligeres zu tun, als wieder gemeinsam in der Koje zu verschwinden.

Wenn man bedenkt, wie wenig Freizeit die Schwestern hatten, die neben der normalen 48-Stunden-Woche auch noch in jeder dritten Woche zusätzliche sieben Bereitschaftsdienstschichten in der Klinik verbringen mussten, wird klar, dass wenig Gelegenheit verbleibt, um ein partnerschaftliches Privatleben zu entwickeln oder eine eigene Beziehung aufzubauen. Also machte die Not erfinderisch und erklärte die relativ häufig vorkommenden Paarbildungen während der Nachtdienst-Wochen. Und da sich niemand gestört fühlte, gab es auch keinen Grund, sich darüber aufzuregen.

Die Brust in der Pfanne

Wenn in der Bereitschaftsdienstwoche und an den Wochenenden im großen OP nichts los war, ging ich oft in die Ambulanz, um zuzusehen, wenn dort Wunden versorgt, Abszesse und sonstige leichtere Verletzungen behandelt wurden. Ich habe dort immens viel gelernt. Nachdem ich einige Monate gearbeitet und mein Interesse an allen medizinischen Dingen bei jeder Gelegenheit unter Beweis gestellt hatte, bemühten sich etliche der Chirurgen, mir praktische Dinge zu zeigen und beizubringen. Immer öfter durfte ich bei kleinen Operationen assistieren. Ich beherrschte alle Nahttechniken, ich konnte alle wichtigen chirurgischen Knoten mit beiden Händen blitzschnell knüpfen. Ab und zu durfte ich auch eine Schnittwunde unter Aufsicht nähen oder einen dicken Eiterabszess spalten. Das waren Erfolgserlebnisse, von denen ich nachhaltig zehrte.

Als ich dem Chefarzt einmal bei einer Bruchoperation assistieren durfte, verstieg er sich zu der Aussage: »Eigentlich braucht unser junger Hilfspfleger (damit war ich gemeint) gar nicht Medizin zu studieren.« Im Dialog mit dem nahe stehenden Oberarzt fügte er hinzu: »Bei der manuellen Begabung könnte ich ihm alle Tricks und Handgriffe einschließlich der anatomischen Kenntnisse spielend beibringen, so, wie ein Tischlermeister seinem Lehrling das Handwerk zeigt. Nur ist das leider nicht erlaubt.« Ich stand steril verpackt mit am OP-Tisch und konnte nicht weglaufen. Seine anerkennenden Worte beschämten und beglückten mich zugleich. Natürlich enthielt ich mich jeden Kommentars. Doch kann ich nicht leugnen, dass diese Sätze mich stolz machten und meinen Eifer beflügelten.

Nach der OP wechselte ich wieder die Seiten. Ich durfte in Saal 1 die Rolle des Unsterilen übernehmen. Der Oberarzt assistierte dem Chef bei einer komplizierten Brustkrebs-Operation. Die gesamte Brustdrüse der Patientin wurde abgetragen, einschließlich der Lymphknoten in der Achselhöhle. Ein schrecklicher Eingriff für die arme Frau, dachte ich, als ich mit einer emaillierten Abwurfschale zum OP-Tisch ging, um das abgetrennte Organ in Empfang zu nehmen. Doch was dann kam, war Neuland für mich.

Ich hatte zwar schon einmal gehört, dass wir im OP aus Fettgewebe menschliches Öl, sogenanntes »Humanol«, gewannen, und ich hatte in einem der großen, eingebauten Wandschränke auch kleine Fläschchen mit der Aufschrift »Humanol« gesehen. Doch mit der Herstellung und Verwendung des Öls hatte ich bisher nichts zu tun gehabt. Die Öse, so nennt man die leitende Abteilungsschwester, rief mich in den neben dem OP gelegenen Sterilisationsraum, in welchem neben dem großen Dampfsterilisator auch ein kleiner Gaskocher stand. »Ich zeige Ihnen jetzt, wie man ‹Humanol› herstellt«, sagte die Öse zu mir. »Das ist ohnehin die Aufgabe der Männer!«

Bei diesen Worten nahm sie die Abwurfschale

mit der abgetrennten Brust, stellte sie ab, griff nach einem Skalpell und einer chirurgischen Pinzette – das sind die mit den Widerhaken an den Spitzen – und schnitt nach eigenem Ermessen Tumorgewebe, das knotig aussah und verhärtet war, großzügig aus dem reinen Fettgewebe heraus. Danach stellte sie eine ganz normale eiserne Bratpfanne auf den Herd, legte das vermeintlich tumorfreie Fettgewebe der frisch amputierten Brustdrüse hinein und briet langsam das Fett aus. Ich gebe zu, dass mir ein bisschen schlecht war. Nicht so sehr angesichts der vor sich hin brutzelnden, amputierten Frauenbrust, nein, vielmehr wegen des beißenden Gestanks.

Nach etwa 10 bis 15 Minuten meinte die Oberschwester: »Ich denke, das reicht erst einmal für die nächsten Monate. So viele Patienten mit Darmverschlüssen werden wir wohl nicht bekommen. Aber man weiß es ja nie genau. Jetzt wissen Sie jedenfalls, wie das geht, wie das gemacht wird. Das nächste Mal stellen Sie das ‹Humanol› alleine her!«

Mir wurde bei dem Gedanken, dieses menschliche Öl alleine zu produzieren, ganz blümerant, und ich hoffte inständig, dass der Vorrat lange reichen möge – und ich bei der nächsten Bedarfsanforderung vielleicht im Urlaub sein würde! Langsam kühlte das Fett ab. Als es handwarm war, goss die

Schwester das Öl durch ein steriles, feines Mullsieb in kleine sterilisierte Glasgefäße und verschloss diese mit keimfrei gemachten Gummistutzen. Nachdem das neu gewonnene ‹Humanol› seinen Platz im OP-Schrank eingenommen hatte, fragte ich die leitende OP-Schwester: »Wann kommt denn dieses Öl überhaupt zum Einsatz, bei welcher Gelegenheit braucht man es? Ich habe in den Monaten, die ich hier bin, kein einziges Mal erlebt, dass es benutzt wurde.«

»Das wundert mich«, erwiderte die Schwester. »Ein Ileus, ein Darmverschluss, kommt doch relativ oft vor. Die häufigste Ursache für eine Unterbrechung der Darmtätigkeit sind Narbenstränge, die in Form von Verwachsungen den Dünndarm abklemmen. Meistens sind entzündliche Erkrankungen, wie Blinddarmentzündungen, vorausgegangen. Es können Jahre dazwischen liegen, bis der akute Bauch eines Ileus entsteht. Dann allerdings muss schnell gehandelt werden, weil der Darm, wenn man ihn nicht von den abquetschenden Strangulierungen befreit, abstirbt.«

»Und das ‹Humanol›, Schwester, wann kommt das zum Einsatz?«, bohrte ich weiter, denn mir fehlte noch die Plausibilität. »Ach ja, das hätte ich fast vergessen«, ergänzte sie. »Der Unsterile im OP, in

Ihrer Schicht sind Sie das ja meistens, bekommt vom Operateur den Auftrag, ein Fläschchen ‹Humanol› vorzubereiten. Es muss im Wasserbad auf genau 37 Grad C erwärmt werden. Danach schütten Sie den Inhalt des Fläschchens auf Geheiß des Chirurgen direkt in die freie Bauchhöhle, bevor sie wieder zugenäht wird, natürlich ohne die sterilen Abdecktücher am OP-Tisch zu berühren. Durch die ölige Konsistenz soll die Gleitfähigkeit der Darmschlingen untereinander erhöht werden. Das mindert die Gefahr der Entstehung neuer Verklebungen, womit einem erneuten Darmverschluss vorgebeugt wird.«

Ich war baff. In meinem Kopf schwirrten noch so viele Fragen umher, doch konnte ich sie im Moment nicht formulieren. An diesem Tage hatte ich wieder so viel dazugelernt. Das musste erst einmal sacken. Den widerlichen Gestank des brutzelnden Humanols jedoch habe ich lange in meinem Geruchsgedächtnis gegen meinen Willen gespeichert.

»Willis« letzte Rettung

Trotz der stinkenden Erfahrung mit dem Humanol wartete ich täglich darauf, dass endlich einmal ein Ileus, ein Darmverschluss, zur Operation eingeliefert wurde. Ich wollte unbedingt erleben, ob das Humanol wirklich so ohne weiteres in die Bauchhöhle gegossen würde. Aber es kam nicht dazu. Dafür gab es andere überraschende Notfälle, die echte Herausforderungen für die Ärzte darstellten, wie an jenem Abend kurz vor Weihnachten.

Ich hatte für einen erkrankten Kollegen den Wochenenddienst übernommen. Der Tag war ruhig verlaufen, ich durfte in der Ambulanz zwei Unterarm-Gipse bei Radiusfrakturen anlegen. Im übrigen hatten wir den OP-Trakt gründlich auf Vordermann gebracht: gewischt, geputzt, die Fußböden desinfiziert, den großen Sterilisator gewartet und manches mehr. Dann gegen Mitternacht – ich hatte schon geschlafen – raste ein Blaulichtwagen aufs Gelände und brachte einen männlichen Patienten, der so laut schrie, so erbärmlich kreischte, dass Schlimmes zu vermuten war.

Der Mann, ein Endzwanziger, wurde in die Notaufnahme getragen und dort von unserem diensthabenden Arzt untersucht. An eine Anamnese, eine gezielte Befragung zu seiner Verletzung, war nicht zu denken. Er hielt krampfhaft ein Handtuch vor seinen Unterleib. Dies allerdings war als solches kaum noch zu identifizieren. Wir sahen lediglich einen Blut triefenden Lappen. Nur mit Gewalt konnten wir die Hände des Unglücklichen aus seinem Schoß entfernen, um uns ein Bild von der Art der Verletzung zu machen.

Nachdem es gelungen war, das blutende Wundgebiet freizulegen, sahen wir die Bescherung. Der Penis des Mannes war, bis auf einen kleinen Rest, an der Wurzel abgetrennt und hing jämmerlich, nur noch an einem schmalen Strang, herab.

Der junge Arzt, der den ersten Dienst versah, ließ nach dem Oberarzt rufen. Er nutzte die Zwischenzeit, die Schmerzen des Patienten mit einer Morphium-Injektion zu lindern und legte eine Infusion an, um dem Schockzustand des Verletzten zu begegnen und den durch Blutverlust eingetretenen Flüssigkeitsmangel auszugleichen. Dann erschien der Oberarzt. »Das ist ja wie im Krieg, so etwas sieht man nicht alle Tage«, war sein erster Kommentar. Dem Patienten zugewandt, der inzwischen deutlich ruhiger geworden war, weil wohl das Schmerzmittel seine Wirkung entfaltete, stellte er die Frage: »Wie ist es denn zu dieser Verletzung gekommen?«

»Ach, Herr Doktor, wenn Sie wüssten. Es war alles so wunderwunderschön. Wir haben uns so lieb gehabt, mein Freund und ich. Und dann im Orgasmus ist er so in Ekstase geraten, dass er mir meinen Willi abgebissen hat. Es hat so wahnsinnig weh getan und geblutet, dass ich glaubte, mein letztes Stündlein hätte geschlagen.« Dann gab der Oberarzt seine Anweisungen: »Der Patient kommt nach oben in den aseptischen OP!«

Neben dem normalen forderte er zusätzlich ein handchirurgisches Besteck an. Dabei handelte es sich um besonders feingliedrige Instrumente und das dünnste Nahtmaterial, das zur Verfügung stand. Der Patient hatte großes Glück, denn der Oberarzt vom Dienst hatte einige Erfahrung in der mikrochirurgischen Operationstechnik.

Es war ein komplizierter Eingriff, der in lokaler Betäubung durchgeführt wurde. Die Harnröhre, viele Blutgefäße und Nerven waren durchtrennt. Ich staunte, mit welcher Geduld und Präzision der Arzt Stück für Stück zusammenflickte, Nerven adaptierte und die Enden der Harnröhre wieder aneinander fügte.

Nach gut drei Stunden war die Arbeit getan. „Mehr ging nicht«, sagte der Oberarzt und nahm seine Lupenbrille ab. »Ob das Ding allerdings allen seinen Pflichten wieder wird nachkommen können, wage ich zu bezweifeln.« An das Personal gewandt, ergänzte er: »Den Harn leiten wir über einen Bauchdecken-Katheter ab. Der Patient bleibt in Rückenlage. Zur Sicherung des Verbandes wird ein Tunnel über dem Becken angelegt. Im Übrigen gilt strenge Bettruhe!«

Nach dieser langwierigen, komplizierten Operation hatten wir noch eine ganze Weile mit der Herrichtung des OPs für den nächsten Tag zu tun. Wieder hatten wir eine kurze Nacht hinter uns. Aber inzwischen war Sonntag, und wenn nicht irgendwelche unvorhergesehenen Dinge passierten, konnten wir an den Wochenenden auch im Krankenhaus etwas länger schlafen. Ob ich von der aufregenden Willi-OP geträumt habe, weiß ich heute nicht mehr.

Vor Schmerzen in den Tod gesprungen

Jetzt war ich schon beinahe ein halbes Jahr als OP-Pfleger im Einsatz. Die Arbeit war aufregend, interessant, und man gab mir das Gefühl, dazuzugehören. In jeder Woche passierten Dinge, von denen die Menschen außerhalb der Krankenhausmauern nichts mitbekamen. Wenn ich morgens um 7 Uhr die OP-Abteilung betrat, galt mein erster Blick der großen Tafel, auf der die für diesen Tag vorgesehenen Operationen notiert waren. An jenem Tag im Februar 1960 stand auf dem OP-Plan gleich drei Mal: »Voss'sche Hängehüfte«. Heute, gut 50 Jahre später, knapp drei Wochen, nachdem mir selbst eine künstliche Hüfte eingesetzt worden ist, sehe ich den damaligen Operationskatalog aus einem sehr persönlichen Blickwinkel.

Der Verschleiß der Hüftgelenke ist weit verbreitet. Durch die Abnutzung der Knorpelsubstanz im betroffenen Hüftgelenk entstehen zunehmende Schmerzen, die irgendwann so unerträglich werden, dass sie zu einer kompletten Immobilität führen. Nachts wissen die Betroffenen oft nicht mehr, wie sie vor Schmerzen ihr Bein lagern sollen. Das wiederum führt zu Schlafdefiziten und erhöhter nervlicher Anfälligkeit. Des weiteren bildet sich durch die mangelnde körperliche Aktivität die Muskulatur an den Beinen dramatisch zurück, und das gesamte Gangbild verändert sich. Nicht selten hatten extreme Dauerschmerzen und Perspektivlosigkeit diese Menschen in den Freitod getrieben. In Lübeck sind viele der Betroffenen in damaliger Zeit vom Petri-Turm in den Tod gesprungen, was heute nicht mehr möglich wäre, weil der gesamte Bereich der Aussichtsplattform mit einem Drahtnetz gesichert ist.

Linderung brachte in den 1950-er Jahren der Lübecker Orthopäde Dr. Voss. Er entwickelte die Operationsmethode der nach ihm benannten »Hängehüfte«. Bei dieser Operation wurde eine ganze Gruppe von Muskeln, die Adduktoren, einfach durchgeschnitten. Dadurch war der Druck, der von unten auf dem Hüftgelenk lastete, zum großen Teil beseitigt, und der Schmerz verschwand. Nur war das Bein danach nicht mehr koordiniert einzusetzen, und der Patient konnte ohne Gehhilfen nicht mehr selbstständig auf zwei Beinen gehen. Durch diesen verstümmelnden Eingriff konnte man zwar Leben retten und Schmerzen lindern, aber es wurde ein Heer von traurigen Invaliden produziert.

Glücklicherweise wurde diese Methode dann sehr bald durch die Entwicklung der Endoprothesen-Technik abgelöst. Durch immer ausgeklügeltere Materialien und verfeinerte Operationstechniken hat sie bis heute ihren Siegeszug fortgesetzt und sich in Millionen von Fällen bewährt. So ist sie auf der ganzen Welt heute bei der Coxarthrose, einer Verschleißhüfte, zur Methode der Wahl geworden. Überhaupt können die Menschen, die im 21. Jahrhundert alt werden dürfen, über den medizinischen Fortschritt der letzten Jahrzehnte dankbar sein.

Nicht nur künstliche Hüftgelenke sind eine segensreiche Behandlungsmethode geworden. Auch Knie und Schultergelenke werden heute künstlich ersetzt. Selbst Aortenklappen, welche die linke

Herzkammer und die große Hauptschlagader, die Aorta, ventilartig verbinden, werden heute durch einen Katheter über die Blutbahn unblutig ausgetauscht, genauso, wie man sogenannte »Stents« benutzt, um verengte Herzkranzgefäße zu erweitern. Dieses Verfahren wird auch bei verschlossenen, großen Kopfarterien angewendet. Durch die Sicherstellung der Blutzufuhr zum Gehirn kann in solchen Fällen einem Schlaganfall vorgebeugt werden. Versierte Neuroradiologen tasten sich heute sogar über diese Gefäße, die Carotiden, mit entsprechenden Kathetern bis zu den feineren Hirngefäßen vor, um Aneurysmen, dünnwandige Gefäßerweiterungen, auszuschalten, die beim Platzen zum Tod oder einem Schlaganfall führen würden.

Organtransplantationen wie der Austausch von Nieren, Herzen, Leber oder ganzen Lungen, sowie immunologische Tests in der Diagnostik und Therapie von Krankheiten sind inzwischen etablierte Verfahren. Auch Krebs kann durch Chemotherapie zunehmend schonender und wirksamer behandelt werden.

Solche Beispiele für den sich rasant weiterentwickelnden medizinischen Fortschritt könnte man beliebig fortsetzen. Und ich denke manchmal an den einen oder anderen aussichtslosen Fall in meiner

OP-Hilfspfleger-Zeit, der, wäre er heute passiert, vielleicht hätte gerettet werden können.

Allein mit einer Leiche im Schnee

Ende März 1960, ich war schon mehr als sechs Monate im OP tätig, kam der Frost noch einmal mit aller Macht zurück. Alle freuten sich schon auf den Frühling, und niemand wollte den Winter und vor allem den vielen Schnee noch haben, der über Tage vom Himmel gefallen war. Für die Arbeit im Krankenhaus bedeutete das erneut viele Glätteunfälle. Aber auch das Leben insgesamt war beschwerlicher. Die Straßen waren nur bedingt befahrbar, der öffentliche Berufsverkehr zusammengebrochen. Man musste zusehen, wie man zur Arbeit kam. So störte es mich nicht, dass ich wieder einmal Wochenenddienst hatte. Ich verpasste ja nichts. Arm- und Oberschenkelhalsbrüche bescherten uns viele OPs und volle Stationen.

Am späten Abend wurde uns dann ein älterer Mann eingewiesen, der sich vor Bauchschmerzen krümmte und schon etliche Tage keinen Stuhlgang gehabt hatte. Der Mann war eigentlich kein Mann, er war ein Männchen. Mager und vertrocknet, kein

Gramm Fett auf den Rippen und Augen, die sich in tiefe Höhlen zurückgezogen hatten, zeugten von einer schweren Krankheit. Erst untersuchte ihn der diensthabende Arzt, dann der Oberarzt. Nach Röntgenaufnahmen vom Bauch im Stehen, auf denen sogenannte Flüssigkeitsspiegel zu sehen waren, stand fest, dass ein Darmverschluss vorlag, der dringend operiert werden musste.

Ich hoffte, nun endlich zu erleben, wie ‹Humanol›, dessen Herstellung ich ja an der Kochplatte miterlebt hatte, angewendet wird. Aber es kam anders. Der Patient wurde auf eine Station gelegt, wo er zum Ausgleich des reduzierten Flüssigkeitshaushaltes Infusionen erhielt. Danach kam er zu uns in den OP, und wir bereiteten ihn auf den Eingriff vor. Zunächst lief alles nach Plan. Nachdem der operierende Oberarzt die Bauchdecke und das Bauchfell eröffnet hatte, wurde die Ursache des Darmverschlusses sichtbar. Die ganze Bauchhöhle war von Krebs befallen. Nach einigem Suchen fand der Operateur den Primärherd. Er saß in der Bauchspeicheldrüse. Von hier aus hatte der bösartige Tumor gestreut und vor allem die Lymphknoten befallen, die dann den Darm eingemauert und seine Tätigkeit behindert hatten. Der Eingriff zog sich lange hin. Ein Teil des Darms musste reseziert werden, damit die Funktion wieder in Gang kommen konnte. Doch plötzlich signalisierte die Narkoseschwester, dass der Blutdruck rapide abfiel, der Puls unregelmäßig wurde und nach oben schnellte, Anzeichen für zunehmende Instabilität. Der Oberarzt versuchte den Eingriff so schnell wie möglich zu beenden, doch es war zu spät. Bevor er den Bauch zunähen konnte, war der Patient klinisch tot. Ein »exitus in tabula« (Tod auf dem Operationstisch), der Albtraum jedes Chirurgen, war eingetreten. Es war das erste Mal, dass ich Augenzeuge des Todes im OP war. Ein beklemmendes Gefühl.

Es war still in unserer Abteilung. Jeder erfüllte seine Pflicht, und mein Auftrag war es, den Verstorbenen in das Pathologische Institut zu transportieren. Dieses lag auf dem Gelände des Krankenhauskomplexes in östlicher Richtung, ganz am Rande des großen Areals. Ich kannte zwar den Weg, hatte aber noch niemals einen Toten alleine dorthin gebracht. Nachts war niemand in dem Institut. Da ich jedoch wusste, wo der Schlüssel lag, konnte ich durch den Hintereingang hineinkommen. Theoretisch war ich gewappnet, denn man hatte mir das alles einmal gezeigt, als ich vor Monaten meine Arbeit aufnahm.

Im Keller des Krankenhauses stand eine uralte

eiserne Karre mit zwei großen Metallrädern, eine Art Transportliege fürs Gelände. Dieses Fahrzeug hatte auch eine Abdeckung, die aussah wie ein Sargdeckel aus Kunststoff. Das Gefährt war etwa zwei Meter lang. Es wurde selten benutzt; das sah man, denn es stand verloren in der letzten Ecke im Untergeschoss und war ein wenig eingestaubt. Ich hatte mir einen Mantel übergezogen, nachdem ich den Verstorbenen mit dem merkwürdigen Vehikel aus dem OP-Vorraum abgeholt hatte. So fuhr ich mit dem Fahrstuhl ganz nach unten und schob meine traurige Fracht auf dem Wagen ins freie Gelände. Es hatte wieder geschneit, und so gestaltete sich die Fahrt schwierig, zumal die alten Eisenräder schwergängig waren und außerdem bei jeder Umdrehung erbärmlich quietschten.

Das Gartengelände des Krankenhauses, in dem noch mehrere Krankenstationen als Bungalow versteckt lagen, war nachts äußerst dürftig beleuchtet. Der Weg zur Pathologie führte am Gartenhaus drei vorbei, der Privatstation des Chefs. Ich bog links davor ab und stellte zu meinem Entsetzen fest, dass die einzige Laterne, die den Weg beleuchtet hatte, ausgefallen war. Meine Augen gewöhnten sich an die Dunkelheit, und ich orientierte mich mit Hilfe des fahlen Mondlichtes, das durch die Bäume fiel.

Dann fuhr ich langsam weiter. Die Szenerie war gespenstisch. Das weißliche, unzureichende Licht in der nächtlichen Schneelandschaft, die wenigen Lichtreflexe in der Nacht und ich mit meiner knarrenden Karre samt dem frisch Verstorbenen verkörperten die klassische Vorstellung von einem Gruselkabinett.

Mir war mulmig zumute, und ich wollte alles schnell hinter mich bringen. So versuchte ich, die Fahrt zu beschleunigen, merkte aber, dass es sich in dem zum Teil tiefen Schnee immer schwerer fuhr. Ich nahm meine ganze Kraft zusammen und schob den ungelenken Eisenwagen, als er drohte stecken zu bleiben, gewaltsam, unter Aufbietung meiner letzten Reserven, voran.

Doch dann geschah es. Plötzlich, ich hatte im Dunklen nicht bemerkt, dass sich der Wagen auf der linken Seite in einer Schneewehe verfangen hatte, kippte die rostige, hochbeinige Karre um. Das schwere eiserne Vehikel landete samt Abdeckung im Schnee, während die Leiche ins freie Gelände trudelte. Ich hatte einen wahnsinnigen Schreck bekommen. Nach kurzem Besinnen überlegte ich, was zu tun war. Weglaufen, um Hilfe zu holen, war unmöglich. Ich konnte den Toten auf keinen Fall dort alleine liegen lassen. Mir blieb also nichts anderes übrig, als auf eigene Faust zu versuchen, den Transport wieder in Gang zu bekommen. Doch das war leichter gesagt als getan. Zunächst stellte ich die zweirädrige, fahrbare Eisenliege wieder auf die Beine. Das ging auch im Halbdunkel ganz gut. Doch dann begann die Schwierigkeit mit der Leiche. Es handelte sich ja um einen frisch Verstorbenen! Da die Totenstarre noch nicht eingetreten war, ließ sich der entspannte Körper nur mit größter Mühe handhaben. »Oh Gott«, dachte ich, »wenn ich dem armen Mann jetzt bloß nicht noch Arme und Beine auskugele oder gar breche.«

Mit diesen makaberen Gedanken im Hinterkopf bemühte ich mich, den Toten wieder auf die Liege zu bekommen. Doch es gelang nicht. Was ich auch versuchte, es scheiterte an der extremen Entspannung des toten Körpers. Ich war verzweifelt und ratlos. Bei meinem zweiten Versuch brachte ich die schwere Karre in Seitenlage, hob, zog und schob die Leiche im Schnee dicht an die Liege heran und dann rauf auf die Ladefläche. Ich richtete das Monster von Fahrzeug auf, wobei ich mit meinem rechten Arm bemüht war, ein Herunterrutschen des Leichnams zu verhindern. Und – oh Wunder – es gelang.

Meine Augen hatten sich inzwischen an die Dunkelheit gewöhnt, und ich konnte nun auch viele

Einzelheiten sehen, die mir vorher entgangen waren. Offensichtlich war am Tag hier auf dem Gehweg mehrfach der Schnee weggeschoben worden, weshalb sich rechts und links vom Weg höhere Schneeansammlungen aufgetürmt hatten. Durch die nächtliche Kälte waren diese gefroren, wodurch sich das Missgeschick erklärte, das mir widerfahren war. Ich gönnte mir eine Verschnaufpause, denn schließlich war mein Auftrag noch nicht erfüllt.

Nachdem ich mich wieder gefangen hatte, wollte ich die Aktion schnell zu Ende bringen. Es waren noch gut 50 Meter bis zur Pathologie. Die schaffte ich schnell. Der Schlüssel für den hinteren Eingang war leicht zu finden, und so öffnete ich die große Tür und fuhr mit meiner unheimlichen Fracht in das Institut. Mich fröstelte angesichts des ausgestorben wirkenden Instituts. Ich war dort mit all den Toten ganz alleine. Das alles überdeckende Geräusch der zahllosen Kühlanlagen war das Einzige, was meine Sinnesorgane wahrnahmen, bis ich den Lichtschalter gefunden hatte. Endlich Licht, dachte ich erleichtert und wandte mich der rechten Seite zu, an der sich etwa zwölf aus Kühlzellen herausziehbare, fahrbare Metallwannen befanden. Ich zog eine beliebige davon heraus und stellte fest, dass sie bereits belegt war. Darin lag schon eine Leiche für eine Sektion am nächsten Tag. Ich versuchte es weiter und hatte irgendwann Glück. Die leere Wanne ließ sich an den Rädern feststellen. So fuhr ich direkt daneben, blockierte die Bremsen an den Eisenrädern und bugsierte mein kleines Männchen von einer auf die andere Liege. Nachdem ich meinen toten Patienten notdürftig von den Spuren unseres kleinen Unfalls gereinigt hatte, schob ich den Wagen in den Kühlschrank der Pathologie. Geschafft! Endlich konnte ich mich auf den Rückweg machen. Das Vehikel ließ ich im Keller und fuhr mit dem Fahrstuhl direkt in die OP-Etage.

Die Schwestern waren schon unruhig geworden und warteten auf mich, weil ich solange fortgeblieben war. Dann erzählte ich meine abenteuerliche Geschichte in allen Einzelheiten, und wir wussten nicht, ob wir lachen oder weinen sollten.

Eine Gnade des Schicksals

Mein Praktikums-Jahr schritt voran. Inzwischen war Sommer, Juni 1960. Immer öfter war ich Zeuge schwerer, unheilbarer Krebserkrankungen. Wie oft wurde ein operativer Eingriff beendet, bevor er eigentlich begonnen hatte! Wenn beispielsweise eine

Magenresektion geplant war und nach Eröffnung der Bauchhöhle erkennbar wurde, dass der ganze Leib voll mit Metastasen war, stand fest, dass für den Patienten jede Hilfe zu spät kam. Deshalb wurde der Bauch so schnell und schonend wie möglich wieder zugenäht. Wenn es sich dabei um alte Menschen handelte, die ein erfülltes Leben hinter sich hatten, war das zwar schmerzlich und traurig. Waren allerdings junge Menschen von so unheilbaren Krankheiten befallen, war das emotional viel schwerer zu verkraften und brachte das ganz persönliche Glaubensbild ins Wanken. Diese Erlebnisse verdeutlichten mir immer aufs Neue die Endlichkeit unseres Lebens und forderten auf besondere Weise die Auseinandersetzung mit dem Tod heraus.

Ich dachte mit gemischten Gefühlen daran, dass mein praktisches Jahr sich dem Ende näherte. Einerseits fühlte ich mich unglaublich wohl bei dieser Arbeit im Krankenhaus. Sie brachte Befriedigung und schuf Selbstvertrauen, und sie hat mich viel reifer werden lassen. Andererseits wollte ich natürlich nicht auf der Stufe eines Pflegers stehenbleiben. Mir war immer noch nicht klar, wie ich zum Medizinstudium an die Universität kommen sollte. Ich hatte ja nicht einmal einen Antrag abgeben dürfen. Meine Verunsicherung war so groß, dass ich mich entschloss, ein persönliches Gespräch mit dem Professor zu suchen. Ich meldete mich an, worauf er mich gleich am darauf folgenden Tag zu sich kommen ließ. Dieser Chef war großartig. Er verstand meine Sorgen und Nöte und vermittelte mir in seiner väterlichen Art, dass er mich nach seinen Kräften unterstützen wolle. Er konnte nichts versprechen, versicherte mir jedoch, dass er sich in Rostock an der Universität, wo er durch seine Gastprofessur gewisse Beziehungen hatte, für mich einsetzen werde. Das war mehr, als ich erwartet hatte. So fröhlich und unbeschwert war ich lange nicht nach Hause gekommen.

Am nächsten Tag trat ich meinen Spätdienst an, als ein tragischer Unfall eingeliefert wurde, der mich noch lange beschäftigte. Ein junger Mann, genau so alt wie ich, war bei einem Sprung in viel zu flaches Wasser mit dem Kopf auf einen Felsen aufgeschlagen. Die Mutprobe endete tragisch. Neben einer großen Fleischwunde am Kopf hatte er sich eine Halswirbelsäulenfraktur am fünften Halswirbelkörper zugezogen. Er konnte sich überhaupt nicht mehr bewegen. Arme und Beine waren komplett gelähmt, er hatte keine Kontrolle über die Funktion von Blase und Darm. Er konnte sprechen, riechen, sehen, schlucken – aber er konnte sich einfach nicht mehr bewegen. Sein Halsmark, das Neuron in Höhe des fünften Halswirbelkörpers, war zerstört. Weil von diesem Segment abwärts das Zentrale Nervensystem unterbrochen ist, nennt man das Krankheitsbild Querschnittslähmung oder Tetraplegie.

Der junge Mann hieß Rudi. Ich besuchte ihn jeden Tag auf seiner Station und wollte mir einfach nicht eingestehen, dass sein Schicksal für alle Zeiten besiegelt sein sollte. Aber an seinem Zustand, seinen Lähmungen änderte sich nichts, gar nichts. Er blieb vom Kopf abwärts bewegungsunfähig. Dieser beklagenswerte Jüngling, der den wohl härtesten Schicksalsschlag erlitten hatte, den man sich vorstellen kann, war von ganz bemerkenswerter Natur. Er jammerte nicht, klagte niemanden an, stellte nicht dauernd irgendwelche Forderungen, bedankte sich für jeden kleinen Hilfsdienst, der ihm erwiesen wurde und trug seine tragische Situation sehr gefasst, ohne sein Umfeld zu belasten. Ihm war klar, dass er seine Krankheit durch eigene Leichtfertigkeit verschuldet hatte. Was er offensichtlich noch nicht endgültig begriffen hatte, war die Tatsache, dass sein Zustand »lebenslänglich« bedeutete. Und da die Hoffnung bekanntlich zuletzt stirbt, hütete sich jeder, der mit ihm zu tun hatte, ihm diese zu nehmen.

Rudi war pflegeleicht. Vielleicht war das der Grund dafür, dass er bei allen Ärzten, Schwestern und Pflegern eine Vorzugsstellung innehatte. Alle versuchten ihm seine Wünsche von den Lippen abzulesen. Die Küche stellte sich auf Wunschkost ein. Es gab immer jemanden, der ihm etwas vorlas oder Schallplatten mitbrachte, die seiner musikalischen Vorstellung entsprachen. Die Physiotherapeuten rissen sich förmlich darum, ihn zu behandeln, denn er hatte das Lachen noch nicht verlernt und war immer für einen Scherz zu haben. Monate später, als ich längst nicht mehr in dem Krankenhaus arbeitete, erschien Rudi mir in nächtlichen Träumen als tragische Figur, als komplett gelähmter, abgemagerter Mann, der zwar lebte, aber gerne sterben wollte und dies nicht konnte. Viel später erfuhr ich, dass er an einer Lungenentzündung gestorben war. Ich empfand das als Gnade des Schicksals.

Motorbiene unterwegs verloren

Ich habe gewonnen, ich darf die Erste sein! Schwester Anke war vor Freude nicht zu bremsen.

Der Grund: Die Jüngeren aus der Schar der OP-Schwestern hatten eine private Tombola veranstaltet – mit einem begehrten Preis. Der Gewinner hatte das Glück (so sahen es jedenfalls die jungen Schwestern), einen sehr beliebten Oberarzt bei der Stadtrundfahrt mit seinem neuen Motorrad als Sozius zu begleiten. Dieser Chirurg bastelte in seiner Freizeit an Motorrädern herum und hatte sich jetzt seinen Traum erfüllt: eine 1000-er BMW! Es fehlten nur noch einige wenige Lackierarbeiten. »Dann können wir zur ersten Probefahrt starten«, erzählte er strahlend. Die Begeisterung unter dem weiblichen Personal war groß. Jede wollte als Erste mitfahren, und es blieb nichts anderes übrig, als den Sieger im Los-Verfahren zu ermitteln. So kam Schwester Anke zu ihrem Glück.

Als am Sonntagvormittag in der Ambulanz nichts los war, sagte der Oberarzt zu seinem Kollegen, der den ersten Dienst versah: »Ich bin in 20 Minuten zurück, mache nur mal kurz eine kleine Spritztour mit Schwester Anke auf meiner neuen Maschine. Hab ich ihr versprochen. Du hältst hier die Stellung, bis ich zurück bin. Ist ja alles ruhig...« Der Kollege war einverstanden. Und los ging es. Die zierliche Krankenschwester war hinter dem breiten Kreuz des Oberarztes kaum zu sehen, nachdem sie ihren Platz auf der stolzen Maschine eingenommen hatte. Lässig schlang sie ihre Hände um die Hüften des Fahrers, anstatt den dafür vorgesehenen Haltegriff zu nutzen. So fuhren beide ohne Helm, die kleine Schwester in ihrem Klinik-Kittel, vom Krankenhaushof. Das wäre so locker und ungestraft im 21. Jahrhundert nicht möglich gewesen.

Eine gute Viertelstunde später erwarteten wir die Ausflügler gespannt zurück. Es vergingen noch zehn weitere Minuten, bis das dröhnende Geräusch der schweren Maschine deren Ankunft ankündigte. Im großen Bogen fuhr der Oberarzt ziemlich forsch vor, doch was war das? Er saß alleine auf seinem Motorrad. »Wo ist Schwester Anke?«, wollten wir besorgt wissen. »Wieso Anke?«, fragte der Oberarzt zurück und drehte sich bei seinen Worten zu seiner Beifahrerin um, die nicht da war. Er bekam einen furchtbaren Schreck: »Ich habe nicht bemerkt, dass sie abgestiegen ist. Wo ist sie nur geblieben?« Das Rätsel löste ein Krankenwagen, der gerade aufs Gelände fuhr. Der Fahrer rief schon von weitem: »Wir haben Ihre Kollegin am Stoppschild in der Schlossstraße aufgesammelt. Sie saß mit ihrem Hintern auf dem Fahrdamm.« Aufgeregt wollte der Oberarzt wissen, wie das passieren konnte. Schwester Anke klärte ihn auf: »Sie hielten vorschriftsmäßig in der

Schlossstraße an, Herr Oberarzt. Als Sie dann allerdings plötzlich mit einem Kavaliersstart der Sonderklasse zeigen wollten, was in Ihrer Maschine steckt, bin ich einfach nach hinten runter gefallen. Dutzende Menschen haben das gesehen und sich köstlich amüsiert. Ich kann von Glück reden, dass die Kollegen vom Krankentransport zufällig vorbeikamen und mich mitgenommen haben. Passiert ist mir nichts.« Der rasante Motorradfahrer entschuldigte sich in aller Form bei der jungen Schwester und fügte hinzu: »Da werde ich mir wohl etwas ganz Besonderes einfallen lassen müssen, damit diese Geschichte aus der Welt kommt.« Natürlich machte sie in der ganzen Klinik die Runde. Aber alle waren froh, dass diese Wochenendepisode so glimpflich ausging. Nie habe ich allerdings erfahren, was sich der Oberarzt für die schöne Schwester als Wiedergutmachung ausgedacht hat.

Das traurige Wiedersehen

Nach einem ruhigen Nachmittag, an dem wir nur mit Routinearbeiten beschäftigt waren und aufräumten, was die Frühschicht uns hinterlassen hatte, saßen wir in unserem Dienstzimmer und aßen

Abendbrot. Da hörten wir schon aus der Ferne das Signal eines Blaulichtwagens. Ich rannte in die Aufnahme, um nachzusehen, ob es Arbeit für unsere Abteilung geben würde. Die Sanitäter trugen eine junge Frau herein. Sie schrie, sie zitterte am ganzen Körper, sie krampfte und hatte unheimliche Angst. Als ich die Patientin genauer betrachtete, erkannte ich sie. Sie war genau so alt wie ich. Wir hatten vor drei Jahren den gleichen Tanzstundenkurs besucht. Ich hatte ihren Namen vergessen, konnte mich aber gut an sie erinnern, denn sie war eine äußerst attraktive Person mit einer Bombenfigur, schwarzen Haaren und dunklen Kulleraugen. Jetzt lag sie in der Notaufnahme und klagte über heftige Schmerzen und Muskelkrämpfe am ganzen Körper.

Der Arzt konnte nichts finden, sah aber, wie sich die junge Patientin zwischendurch mit Krämpfen quälte. Er beschloss, den Oberarzt zu Rate zu ziehen. Es wiederholten sich Untersuchung und Frage-und-Antwort-Spiel. Ebenfalls ohne Ergebnis.

Nach einer kurzen Besinnungspause wandte sich der Oberarzt erneut der Patientin zu. Er wollte wissen, ob und wann sie zuletzt gegen Tetanus – also Wundstarrkrampf – geimpft worden ist. Sie wusste es nicht und meinte: »Ich glaube, überhaupt noch nie, denn ich bin bei meiner Großmutter aufgewachsen, und die kümmert sich nicht um solche Dinge.« Doch der Oberarzt gab sich damit nicht zufrieden. »Haben Sie sich in der letzten Zeit irgendwo am Körper verletzt, auch wenn es nur eine Bagatellwunde gewesen ist?«, fragte er weiter. Als die Patientin auch diese Frage verneinte, weil sie sich keiner Verletzung bewusst war, ordnete der Oberarzt an: »Die Patientin wird auf Station A1 aufgenommen. Alles weitere sehen wir dort.« Zu der jungen Frau sagte er: »Wir müssen noch einige Untersuchungen machen, um die Ursache Ihrer Beschwerden zu finden.« Gleichzeitig setzte er sich mit dem Professor in Verbindung, weil ihm die Sache unheimlich war. Der Chef machte sich ein eigenes Bild und kam zu derselben Auffassung wie sein Oberarzt. Sie vermuteten, es handele sich hier um das seltene Krankheitsbild des Wundstarrkrampfes, das glücklicherweise im Zeitalter der Routineimpfungen eine Rarität geworden ist.

»Die Patientin benötigt absolute Ruhe. Das Licht im Zimmer muss gedämpft sein. Jeglicher Reiz, sei er akustischer, mechanischer oder optischer Art, kann einen Krampfanfall zur Folge haben«, erklärte der Professor dem Personal auf der Station.

Als ich am nächsten Tag in die Klinik kam, hatte sich der Zustand der Frau weiter verschlechtert.

Die Krämpfe traten in immer heftigerer Form und kürzeren Abständen auf. Man sah, dass sie höllische Schmerzen litt. Zwischen den Anfällen rang sie nach Luft. An allen Fenstern und Türen hatte man Schallisolierungen vorgenommen. Die Nachbarzimmer waren geräumt worden. Medikamentös versuchte man ihr durch sedierende und krampflösende Pharmaka ein wenig Linderung zu verschaffen. Inzwischen kämpfte ein ganzes Krankenhaus um das Leben dieser jungen Frau. Es war schrecklich mit anzusehen, wie sich der kranke Körper bei vollem Bewusstsein schmerzhaft verzerrte und die Luft zum Atmen fehlte. Als ich am folgenden Tag ins Krankenhaus kam, merkte ich sofort, dass etwas nicht stimmte. Vom Pförtner bis zur Oberschwester, alle wirkten betrübt. Der Grund war schnell gefunden. Die Patientin war gestorben. Sie war bei vollem Bewusstsein erstickt. Man hatte ihr nicht helfen können. Es war eine bittere, schmerzhafte Erfahrung, die leider dazugehört, wenn man mit kranken Menschen zu tun hat. Erlernbar ist der Umgang mit solch traurigen Situationen jedoch nicht, wie ich bei langjährig tätigen Schwestern und erfahrenen Ärzten gesehen habe.

Der schicksalhafte Tod der jungen Frau, mit der ich noch vor wenigen Jahren gemeinsam das Tanzbein geschwungen hatte, ließ mich nicht so schnell los. Immer wieder zog das schmerzverzerrte, zur Grimasse verkrampfte Gesicht vor meinem geistigen Auge vorbei, und ich sah sie um Luft ringen. Der Oberarzt, der mich grübeln sah und ahnte, was mir zu schaffen machte, sagte: »Der Tod gehört zum Leben! Das lernt man nirgendwo besser als hier im Krankenhaus.« Wie recht er hatte, begriff ich erst nach und nach. Manchmal dachte ich, auf die eine oder andere bittere Erfahrung hätte ich gerne verzichten können. Aber zum Leben gehören Freud und Leid, und je größer die Leidensfähigkeit ist, umso intensiver können die schönen Dinge des Lebens wahrgenommen werden. Wie real diese Gedanken waren, wie sehr unser Leben einer Sinuskurve mit ihrem Berg und dem nachfolgenden Tal gleicht, sollte ich viel später in meinem Leben am eigenen Leibe zur Genüge erfahren. Aber noch stand ich am Anfang meiner Lebenswünsche.

Zum Abschied Würstchen und ein Brief

Dann war es so weit. Mein letzter Arbeitstag hatte begonnen. Ein merkwürdiges Gefühl beschlich mich, als ich den Pförtner morgens begrüßte. Zum letzten Mal ging ich zu meinem Schrank und wechselte die Kleidung, zog die weiße Krankenhauskleidung mit der Schürze an. Es war ein ganz normaler Arbeitstag. Zwei Leistenhernien, eine Magen- und eine Gallenblasenresektion, eine Unterschenkel-Amputation, eine Schilddrüsen-Resektion und zwei Meniskus-Operationen standen auf dem OP-Programm. Die letztgenannten Eingriffe sind ein gutes Beispiel für den fortwährenden Wandel in der Medizin. Während 1960 bei einer Meniskus-Operation noch das ganze Kniegelenk operativ aufgeklappt werden musste, werden heute solche Eingriffe endoskopisch im sogenannten minimal-invasiven Verfahren oft schon ambulant durchgeführt. Es genügen wenige kleine Löcher, durch die der Operateur mit einer Optik und einem Operationsinstrument in das Gelenk und somit an die knorpeligen Meniskusscheiben gelangt. Jene Öffnungen werden nach der Korrektur des Knorpels mit einem Faden oder einer Klammer wieder verschlossen. So ist dieser Eingriff bereits nach kurzer Zeit beendet und der Patient in den meisten Fällen nach einer Woche wieder normal belastbar. Im Gegensatz zu dieser modernen Technik mussten die Patienten in meiner OP-Hilfspfleger-Zeit zwei bis drei Wochen im Krankenhaus liegen.

Aber zurück zu meinem letzten Arbeitstag. Mittags, nachdem alle Operationen beendet waren, hatten die Schwestern der OP-Abteilung zu meiner Verabschiedung ein kleines Essen organisiert. Es gab Kartoffelsalat mit Würstchen. Alle saßen etwas beengt im Dienstzimmer. Die leitende Schwester, unsere Öse, hielt eine kleine Ansprache, in der sie mich über den grünen Klee lobte und die Hoffnung aussprach, dass ich die Zeit in ihrer Abteilung in guter Erinnerung behalten werde. Ich bedankte mich bei allen für die kameradschaftliche Hilfe und für alles, was ich in diesem Jahr hatte lernen dürfen. Dann verließ ich meine Kollegen, indem ich mich von jedem Einzelnen verabschiedete. Die eine oder andere Träne war da schon mal vor Rührung geflossen. Es folgte noch der Gang zum Professor. Das Vorzimmer war nicht besetzt. Als ich klopfte, öffnete der Klinikchef die Tür. Er bat mich in sein Dienstzimmer. Als wir uns gegenüber saßen, betonte er, wie befruchtend er und seine ärztlichen Kollegen es empfunden hätten, mir als völligem Neuling auf medizinischem Terrain die Grundbegriffe der praktischen medizinischen Arbeit nahegebracht zu haben. Und so ganz ungeschickt hätte ich mich dabei auch nicht angestellt, fügte er hinzu, und deshalb – er holte aus seinem Schreibtisch einen Briefumschlag – habe er mir eine Beurteilung geschrieben, die mir hoffentlich bei meiner Bewerbung zum Studium weiterhelfen möge. Dann überreichte er mir das Kuvert mit dem Zeugnis und fügte hinzu: »Unabhängig davon werde ich mich an der Universität in Rostock für Sie einsetzen. Ich kann Ihnen nichts versprechen, aber die mir zur Verfügung stehenden Möglichkeiten werde ich nutzen.« Bei diesen Worten erhob er sich, nahm meine Hand in seine viel größere Chirurgenhand und drückte sie kräftig. Bevor ich das Krankenhaus verließ, ging ich noch einmal auf die Station B 1. Ich verabschiedete mich von Rudi, der immer noch völlig unverändert mit kompletter Querschnittslähmung in seinem allseitig gepolsterten Bett lag. Ein Lächeln huschte über sein Gesicht, als ich versprach, ihn auch weiter zu besuchen.

Damit war das praktische Jahr beendet. Ich stellte nun einen Antrag zum Medizinstudium direkt beim Prorektorat der Universität in Rostock, dem ich neben meinem Abiturzeugnis nun auch den Nachweis über das Jahr, das ich im Krankenhaus gearbeitet hatte, einschließlich der Beurteilung des Professors, beifügte. Ich hörte lange nichts von der Universität. Das Semester begann am 1. Oktober. Das Datum verstrich, aber es passierte nichts. Wir hatten uns zu Hause einen sogenannten Plan B zurechtgelegt. Sollte der Studienantrag abgelehnt werden, müsste ich – wie mein Bruder – in den Westen fliehen. Doch dann geschah das Wunder: Am 14. Oktober 1960 erhielt ich telegrafisch den Bescheid, dass ich zum Studium zugelassen war und nachimmatrikuliert werden sollte. Ich sollte mich am 16.10. um zehn Uhr im Prorektorat der Universität melden. Mir war sofort klar, wem ich das zu verdanken hatte...

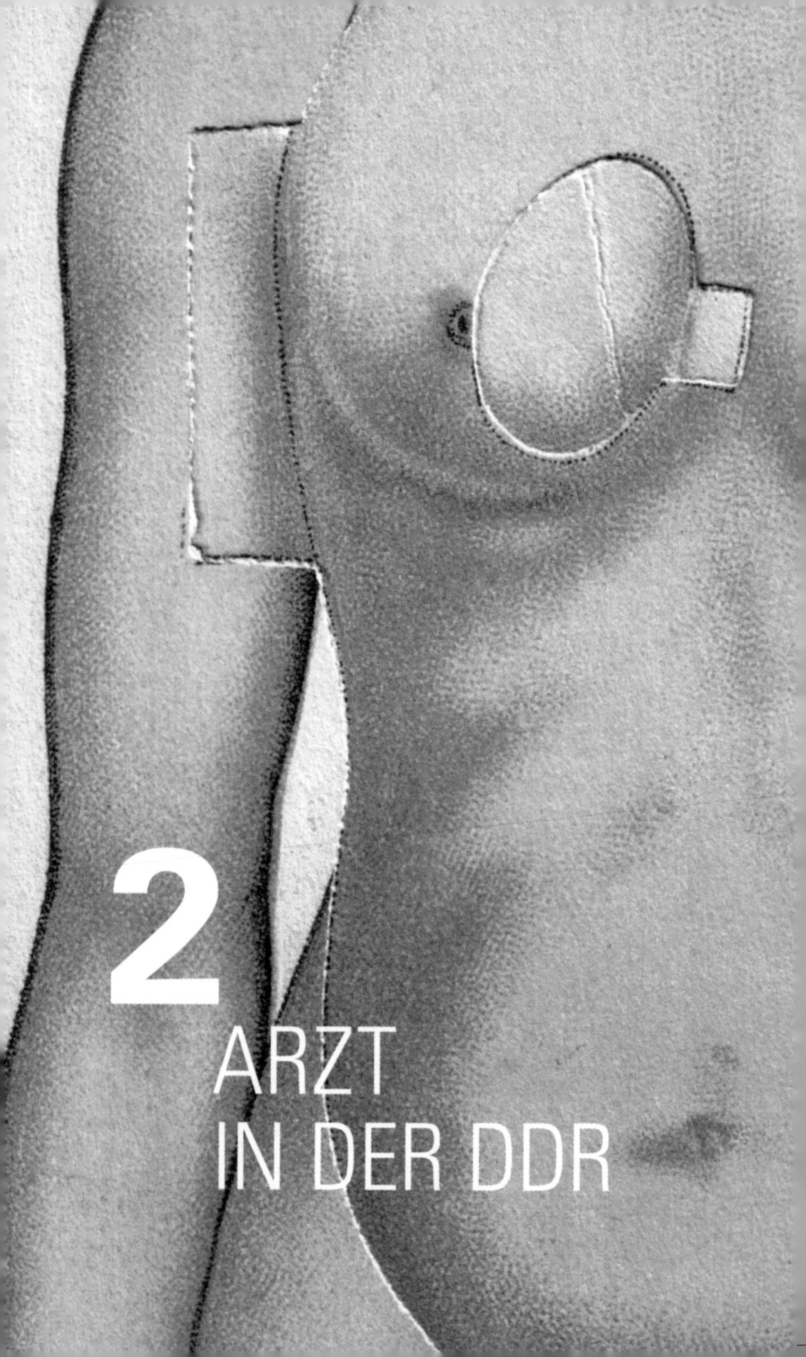

2
ARZT IN DER DDR

Sonne, Strand & Mauerbau

Rückblickend betrachtet, sind die sechs Studienjahre wie im Flug vergangen. Gleichwohl waren sie reich an persönlichen Erlebnissen. Dazu gehört zum Beispiel auch ein heißer Sonntag im August 1961. Es war der 13. August, der Tag, der auch an uns Studenten nicht spurlos vorüberzog. Wir lagen am Strand von Kühlungsborn und genossen den wunderschönen, hochsommerlichen Sonntag im heißen Sand an der Ostsee. Wenn wir es vor Hitze gar nicht mehr aushalten konnten, stüzten wir uns in die Fluten und kühlten uns ab. Man hätte die Zeit anhalten mögen, so schön war es!

Ich war einer der glücklichen Studenten, denen es gelungen war, einen Praktikumsplatz im Krankenhaus in Kühlungsborn zu ergattern. Diese waren knapp und sehr begehrt. Immerhin wohnte man mietfrei, durfte in einem sehr modernen, kleinen Krankenhaus direkt an der Ostsee arbeiten und zwischendurch auch noch so etwas wie Urlaub machen. Hatten wir ein Glück! So fühlten wir uns auch an diesem Sonntag.

Ich erinnere mich genau an den Moment, als ich vor Hitze wie gelähmt im Sand lag, mein kleines, gelbes Minikofferradio am Ohr hatte und heimlich Musik über einen Westsender empfing, als die Sendung mit folgender Meldung abrupt unterbrochen wurde: »Seit den frühen Morgenstunden sind bewaffnete Grenzsoldaten und Bautrupps der DDR in Ostberlin im Einsatz und errichten Barrikaden und Stacheldrahtzäune mitten durch Berlin!« Es folgten Kommentare von Politikern und Journalisten.

Mit der Ruhe am Strand war es vorbei. Wenn ich geglaubt hatte, dass nur ich heimlicher Hörer dieser Sendung war, dann irrte ich gewaltig. In kürzester Zeit wurde die durch die Hitze des Tages träge gewordene Menschenmasse hellwach. Wildfremde Menschen diskutierten aufgeregt miteinander. Ungewissheit und Angst lagen in der Luft.

Ich dachte an meine Familie, die zur Hälfte in der DDR und in der Bundesrepublik lebte. Wir würden durch eine befestigte Grenze zwischen Ost und West auf Dauer gänzlich voneinander getrennt werden. Und dabei hatte der Staatsratsvorsitzende Walter Ulbricht noch zwei Monate zuvor auf einer internationalen Presseveranstaltung öffentlich verkündet: »Niemand hat die Absicht, eine Mauer zu bauen!« Alles Lüge! Betrug! Machterhalt um jeden Preis! Im Juli waren noch etwa 30 000 DDR-Bürger in den Westen geflohen, das hatte ich in den Nachrichten gehört. Jetzt gab es keine Chance mehr, in die Freiheit zu entkommen.

Depressive Gedanken gewannen die Oberhand über die zuvor noch so heile Welt. Von Sekunde zu Sekunde war nichts mehr so, wie es war.

Wir reagierten nur noch. Ich begriff sehr früh, dass man gerade in solch einer Situation besonders vorsichtig sein musste. Jedenfalls war man gut beraten, wenn man sich nicht jedem anvertraute und sich nicht durch emotionale Empfindungen in Gespräche verstricken ließ. Die Späher waren gewiss unterwegs, um Stimmungen, Meinungen und Widersacher ausfindig zu machen.

So wunderbar der Tag begann, so trostlos stellte sich der Abend dar. Die letzten Praktikumstage in der Klinik waren bedrückend. Niemand sprach über das zentrale, alle bewegende Problem. Alle duckten sich, keiner durfte sich bekennen. Die offiziellen Bekanntmachungen wurden stillschweigend zur Kenntnis genommen. Wie es wirklich weitergehen sollte, wusste niemand....

Ich hatte in meiner Studienzeit auch meine Frau kennengelernt. Wir heirateten, und unsere Zwillingsmädchen waren der Grund dafür, dass ich Verantwortung spürte und das Leben ernsthafter anging.

Erstes Verhör bei der Stasi

In diese Zeit fiel allerdings auch die belastende Auseinandersetzung mit der Staatssicherheit der DDR. Ich wurde als Staatsfeind diffamiert, und es drohte die Exmatrikulation. Man warf mir vor, in meinem Studienjahr eine Flugblattaktion mit staatsfeindlichen Parolen initiiert zu haben. Ich erinnere mich noch genau an jenen 16. Mai 1963, als es morgens um 6.30 Uhr an der Wohnungstür meiner Wirtin in der Rostocker Altstadt klingelte. Als sie öffnete, stürmten drei Männer in ihren typischen Ledermänteln einfach in meine Studentenbude. Ich lag noch im Bett und glaubte an einen schlechten Traum. Mit vorgehaltener Pistole wurde ich aufgefordert, mich anzuziehen und mitzukommen. In einem Verhör mit sechs Stasioffizieren wurde mir erneut vorgeworfen, eine Flugblattaktion gegen die DDR angezettelt zu haben. Ich hatte zwar beiläufig von dieser Aktion gehört, doch Näheres war mir nicht bekannt. Aber ich begriff, dass die Situation für mich und meine Zukunft alles andere als rosig war. Irgendwer aus meinem Studienjahr musste es darauf abgesehen haben, mich mit falschen Anschuldigungen zu belasten. Mehr noch: Es gab also jemanden, der meine Exmatrikulation im Auge hatte. Mein hart erkämpftes Studium stand in jenen Maitagen auf der Kippe. Dass ich doch weiter studieren durfte, hatte ich einer Energieleistung und der Kette glücklicher Umstände zu verdanken. Die Stasi aber ließ nicht locker und meldete sich in Abständen immer wieder.

Als für meine Frau das letzte Schwangerschaftsdrittel begann, hörte ich gerade die Vorlesung über Gynäkologie und Geburtshilfe bei einem sehr renommierten Professor der Frauenheilkunde in Rostock. Zu Hause hatte ich Gelegenheit, die wichtigsten Handgriffe zur Bestimmung der Lage eines Kindes im Mutterleib am lebenden Objekt zu üben. Da mein Schwiegervater darauf bestand, dass seine Tochter als Privatpatientin in der Frauenklinik vom Chefarzt betreut wird, erlebten wir den Professor in Aktion. Der Bauchumfang und auch die Zunahme an Körpergewicht waren bei meiner Frau ungewöhnlich groß. Da es noch keine Ultraschallgeräte gab und man in der Diagnostik weitestgehend auf seine fünf Sinne angewiesen war, untersuchte der Chefarzt meine Frau klinisch sehr gründlich und sagte anschließend zu ihr: »Meine Liebe, ich muss Ihnen eine Offenbarung machen. Sie erwarten Zwillinge!«

»Ja«, sagte meine Frau, »das weiß ich schon.« »Woher haben Sie diese Information, haben Sie einen Kollegen konsultiert?«, fragte der Chefarzt erstaunt zurück. »Das hat mein Mann festgestellt«, erwiderte meine Frau. »Er sagt, er habe drei große Teile gefühlt und zwei unterschiedliche Herzfrequenzen mit dem Stethoskop wahrgenommen. Er hört gerade die geburtshilfliche Vorlesung bei Ihnen und sitzt jeden Morgen pünktlich um fünf nach sieben in Ihrem Hörsaal.« Ein überraschtes Lächeln glitt über das Gesicht des Hochschullehrers, als er schmunzelnd sagte: »Dann habe ich den jungen Leuten ja tatsächlich etwas beigebracht!« Die Entscheidung meines Schwiegervaters zur privaten Betreuung beim Chef persönlich hat sich dann doch noch ausgezahlt. Der Professor musste für sein Geld richtig arbeiten. Neben der Zwillingsschwangerschaft handelte es sich um eine Beckenendlage. Das bedeutete, die Kinder lagen im Mutterleib beide falsch herum und mussten mit einer besonderen Technik entbunden werden, wenn man auf einen Kaiserschnitt verzichten wollte. Sie kamen nicht mit dem Kopf, sondern mit den Füßen zuerst auf die Welt. Um eine solche Entbindung schonend durchzuführen, bedarf es einer gehörigen Portion Erfahrung auf dem Gebiet der Geburtshilfe.

Berufsstart in Boltenhagen

Nach dem Staatsexamen wäre ich am liebsten zurück nach Schwerin gegangen und hätte eine Ausbildung zum Chirurgen gemacht. Mein alter Chef dort hatte sich mehrfach um mich bemüht, nur Wohnraum für eine vierköpfige Familie konnte er mir nicht bieten. So landete ich an der Ostsee in Boltenhagen und machte eine Ausbildung zum Facharzt für Allgemeinmedizin.

Hier wohnten wir in unmittelbarer Strandnähe in einem kleinen Einfamilienhaus, das meinen Schwiegereltern gehörte. Für unsere Kinder war es ein Paradies. Sie tummelten sich vom April bis Oktober am Strand und hatten die unbeschwerteste Kindheit, die man sich nur denken kann. Meine Frau arbeitete als medizinisch-technische Assistentin in der Labor- und Röntgenabteilung, während ich meine allgemeinärztliche Ausbildung fortsetzte. Beide waren wir mit unseren Tätigkeiten zufrieden, sie waren abwechslungsreich und füllten uns aus.

Zur damaligen Zeit gab es in Boltenhagen ein Krankenhaus mit Abteilungen für Chirurgie, Gynäkologie einschließlich Geburtshilfe und Innere Medizin. Aber auch eine funktionsfähige Poliklinik, die insbesondere in den Sommermonaten für die Versorgung der zahlreichen Urlauber an der Ostsee notwendig war, gehörte dazu. Der Chef war Chirurg vom alten Schlag. Er hatte in Berlin u.a. bei Prof. Ferdinand Sauerbruch eine solide Ausbildung erfahren und auch im Krieg als Arzt gearbeitet. Er konnte chirurgisch einfach alles. Er operierte Kinder und Greise, machte urologische Eingriffe genauso souverän wie gynäkologische Operationen und war auch in der Geburtshilfe versiert. In der Unfallchirurgie machte ihm keiner so leicht etwas vor. Ich habe ihn in all den Jahren, die ich mit ihm zusammenarbeiten durfte, nicht ein einziges Mal einer medizinischen Situation gegenüber gesehen, der er nicht gewachsen war. Was wünscht sich ein junger Assistent mehr, als unter solch einem Chef zu arbeiten, vor allem dann, wenn die Personaldecke so dünn ist, wie damals bei uns. Denn es bedeutete, dass man zu allem mit herangezogen wurde und frühzeitig eigenverantwortlich arbeiten durfte.

Einen Teil meiner Facharztausbildung konnte ich also vor Ort absolvieren. Für die diversen kleinen Fächer wie Hautkrankheiten, Hals-Nasen-Ohren-Heilkunde, Augenklinik, aber auch für die Kinder-Heilkunde musste ich täglich nach Wismar fahren. Das waren ebenfalls sehr interessante Arbeitsbereiche, und ich bereue heute keine einzige Assistentenstelle, die ich in den Jahren der Ausbildung innehatte. Nachdem ich dann noch einige Zeit in der Unfall- und Handchirurgie der Berliner Charité hospitiert hatte, wo ich auch die Grundbegriffe der chirotherapeutischen Medizin erlernen durfte, kam ich zurück an die Ostsee. In Boltenhagen habe ich nach bestandener Facharztprüfung bis zu unserer Flucht 1975 als ärztlicher Leiter der dortigen Gesundheitseinrichtung gearbeitet. Eine Zeit, die ich nicht missen möchte, wenn man von den Drangsalierungen der Stasi, die uns schließlich in die Flucht trieb, einmal absieht. Der Arztalltag in dem kleinen Ostseeort in den sechziger Jahren war äußerst vielfältig – und voller Geschichten.

Baby-OP ohne Betäubung

Ab und zu kommt es vor, dass Neugeborene nicht gedeihen, obwohl die Mutter genug Milch produziert. Wenn ein solches Kind alles im hohen Bogen erbricht, was es zu sich genommen hat und an Gewicht abnimmt, liegt der Verdacht nahe, dass die Nahrung den Magen nicht in Richtung Dünndarm passieren kann. Dieses medizinische Phänomen hat einen Namen: Pylorospasmus. Als Pylorus wird der Magenpförtnermuskel bezeichnet, der am Magenausgang die Barriere zum Zwölffingerdarm darstellt. Bei manchen Kindern ist dieser Muskel stark verdickt und verkrampft, so dass die Nahrung im Magen verbleibt, wodurch es zum Erbrechen kommt. Nicht einmal Flüssigkeit kann den Magen verlassen. Deshalb trocknen die Säuglinge total aus, nehmen permanent an Gewicht ab und sehen durch die ausgetrocknete, eingefallene Gesichtshaut wie Greise aus. Etwa jedes 800. Neugeborene leidet an dieser Krankheit.

Mehrfach habe ich gesehen, wie unser Chef solche Kinder operiert hat. Überraschend war die Methode, mit welcher der Eingriff vorgenommen wurde. Ich sehe den alten Chirurgen noch genau vor meinem geistigen Auge und weiß noch, was er damals zu mir sagte: »Herr von Maltzahn, setzen Sie sich ans Kopfende und sorgen dafür, dass der kleine Patient die ganze Zeit an diesem Kochsalztupfer nuckelt.« Dabei übergab er mir eine Kornzange, an deren Ende ein mit Kochsalzlösung getränkter Tupfer eingeklemmt war. Ich begriff nicht recht, wie das funktionieren sollte, ließ mich aber bald eines Besseren belehren. Der Säugling war auf dem OP-Tisch fixiert, das Operationsfeld – der winzige Oberbauch

– wurde mit Tüchern abgedeckt und desinfiziert, und los ging es. Der Chef setzte mit einem kleinen Skalpell beherzt einen ca. drei bis vier Zentimeter langen Schnitt im mittleren Oberbauch und drang, nachdem er alle Blutungsquellen gewissenhaft unterbunden hatte, rasch in die Tiefe vor.

Ich saß wie paralysiert am oberen Ende des Tisches und hielt den salzigen, feuchten Mulltupfer an Mund und Lippen des kleinen Patienten. Der jammerte und weinte nicht etwa, nein, die Augen waren weit geöffnet und strahlten mich freundlich an. Er schien lediglich etwas ärgerlich darüber zu sein, dass er seine Ärmchen nicht frei bewegen konnte. Diese waren natürlich mit kleinen Schlingen befestigt, damit sie den Operationsprozess nicht stören konnten. Dann sagte der Chirurg zu mir: »Schauen Sie her, hier ist der Ausgang des Magens, an dessen Ende der Pförtnermuskel, der Pylorus sitzt. Dessen Ringmuskel ist so hypertroph, so verdickt, dass er keinerlei Breipassage zulässt. Deshalb schneide ich diesen ringförmigem Muskel jetzt ganz vorsichtig bis auf die Mukosa, die Schleimhaut, durch, und der Schaden ist behoben.«

Einerseits staunte ich über das Verfahren und das Tempo, mit dem der Operateur diesen Eingriff durchführte, zum anderen war ich mehr als überrascht davon, wie der kleine Kerl das alles wegsteckte, ohne auch nur im Ansatz Schmerzäußerungen erkennen zu lassen. Während des Studiums hatte ich in der Physiologie-Vorlesung zwar einmal etwas über »Bahnung« gehört, konnte mir trotzdem schwer vorstellen, wie das in der Realität funktionieren sollte. Auf meine Frage, welcher Mechanismus dieser Schmerzausschaltung zugrunde liege, erklärte mein Chef mir nach der OP: »Die Leitung des Schmerzes hängt im wesentlichen mit der Reife bzw. Unreife des Zentralen Nervensystems zusammen, und das ist der Grund dafür, dass man diese Art des Betäubungsersatzes nur in den ersten Lebenstagen anwenden kann. Aber immerhin, es kommen, wie Sie sehen, keine Chemikalien, keine Betäubungsmittel zum Einsatz. Schonender geht es nicht, und das ist für so kleine Individuen doch ein großer Vorteil.«

Er fügte hinzu: »Sie werden sehen, mit welcher Geschwindigkeit dieses Kind gedeihen und seinen Entwicklungsrückstand aufholen wird.« Und wenn ich vielleicht bei diesen Worten noch etwas skeptisch gewesen sein sollte, die Folgetage gaben ihm recht. Das Kind war fröhlich, trank reichlich aus der Mutterbrust und spuckte kein einziges Mal mehr seine Nahrung aus. Schon nach wenigen Tagen konnten die glücklichen Eltern ihren Sprössling gesund mit nach Hause nehmen.

Solche Erfahrungen waren wohltuend und machten neugierig auf mehr. Die Vielfalt der Medizin kann man nirgendwo besser erfahren und erlernen als auf dem Lande, dort, wo nicht für jede Besonderheit ein Spezialist bereitsteht, an einem Ort, der zunächst zur ernsthaften Auseinandersetzung zwingt, bevor man die Hilfe anderer in Anspruch nimmt.

Herrn Apfelbaums Geheimnis

Bis ich mich Facharzt für Allgemeinmedizin nennen durfte, musste ich in vielen verschiedenen Kliniken arbeiten. Dafür war es notwendig, dass ich etliche Monate nach Wismar fuhr, um dort in unterschiedlichen Krankenhäusern zu arbeiten. So war ich auch drei Monate bei dem einzigen Hautfacharzt weit und breit. Eigentlich ist es kaum zu glauben, dass für die Kreise Wismar Stadt, Wismar Land und Grevesmühlen ein Arzt den gesamten Handlungsbedarf auf dem Gebiet der Haut- und Geschlechtskrankheiten abdeckte. Dabei kommt hinzu, dass Wismar als Hafenstadt mit einer beträchtlichen Zahl an täglich frischen venerischen Infektionen, also Geschlechtskrankheiten verschiedener Art, »gesegnet« war. Dennoch: Dass es zu dieser Zeit noch so viele Tripper- und Syphilis-Kranke gab, überraschte mich sehr.

Wenn man das erste Mal in die hautärztliche Ambulanz kam, dachte man nicht, sich in einem ärztlichen Behandlungszentrum zu befinden. Es hatte eher den Anschein eines Rummelplatzes. Unglaublich viele Menschen saßen auf Fluren und in Wartezimmern herum, palaverten laut und ungehemmt. Aber es handelte sich bei den meisten dieser Patienten auch um eine ganz besondere Klientel. Etliche waren der Auffassung, ein Tripper sei doch nur ein Kavaliersdelikt, und so etwas müsse jeder einmal durchgemacht haben. Der Staat als Gesetzgeber hatte jedoch eine völlig andere Vorstellung vom Umgang mit dieser ansteckenden Krankheit. Ein diagnostizierter Tripper, eine bakterielle Infektion der äußeren Geschlechtsorgane, musste dem Gesundheitsamt angezeigt werden. Dann erfolgte die Zuweisung an einen Hautarzt, der die entsprechende Diagnostik und Therapie veranlasste. Von viel schwerwiegenderer Bedeutung war allerdings die gesetzliche Auflage, sich nach Behandlungsbeginn an genau vorgeschriebenen Tagen zehn Mal zu bakteriologischen Kontrollabstrichen einzufinden. Erst wenn der zehnte Abstrich negativ war, wurde der betreffende Patient als geheilt entlassen. Er bekam sozusagen seine bürgerlichen Ehrenrechte zurück, was praktisch bedeutete, dass er wieder unbedenklich Geschlechtsverkehr ausüben durfte. Entzog sich jemand einer solchen Kontrolle, wurde umgehend die Polizei verständigt und der Betreffende amtlich vorgeführt. Das war nicht nur unangenehm, nein, es entstanden auch Kosten, die der Patient selbst zu tragen hatte.

Syphilitische Infektionen wurden noch strenger kontrolliert und behandelt, weil die Komplikationen ungleich schwerer sind. Das Wichtigste im Zusammenhang mit allen Geschlechtskrankheiten war für uns Ärzte die Anamnese, das heißt die Befragung nach der Herkunft, also der Übertragungskette der Krankheit. Da diese beiden venerischen Infektionen allerdings ausschließlich durch Geschlechtsverkehr übertragen werden und nicht etwa über eine verschmutzte Toilettenbrille, wie immer gerne wieder zu argumentieren versucht wird, kann man sich vorstellen, dass sehr häufig der Name des Partners verschwiegen wurde. Und dies aus gutem Grunde. Immerhin war ein Großteil der Klientel verheiratet. Wer wollte schon gerne, dass sein Fehltritt dem Ehepartner zu Ohren kam. Der ärztlichen Schweigepflicht hätten die meisten noch vertraut, aber den Behörden, die vom Gesetzgeber zwangsläufig mit einbezogen wurden, stand man misstrauisch gegenüber. So blieben viele Befragungen ergebnislos. Oft wurde der Alkohol bemüht, indem man sich an nichts mehr erinnern konnte, nach dem Motto: »Als ich wieder nüchtern wurde, war sie schon weg.«

Die absurdeste Erklärung, die ich allerdings in dieser interessanten und sehr lehrreichen Zeit von einem jungen Mann auf meine Frage, mit wem er denn zuletzt geschlafen habe, zu hören bekam, war diese: »Sie werden es nicht glauben, Herr Doktor, ich habe vor drei Tagen unseren großen Apfelbaum leer pflücken wollen und bin dabei von der Leiter gefallen. Ich habe mir zwar nichts gebrochen, aber von dem Augenblick an leckte meine ‹Pfeife›.« Die Geschichte machte bei uns schnell die Runde und hatte zur Folge, dass der Patient von allen Mitarbeitern der Abteilung von Stund an mit »Herr Apfelbaum« angesprochen wurde, etwa so: »Guten Morgen, Herr Apfelbaum, gehen Sie schon mal in Kabine zwei, Herr Apfelbaum...« So hatten wir trotz der vielen Arbeit auch unseren Spaß. Obgleich die ganze Situation gewiss nicht spaßig war.

Mir wurde bewusst, wie weit verbreitet diese beiden genannten Geschlechtskrankheiten noch sind.

Und daran hat sich nach meiner Auffassung und Erfahrung auch im 21. Jahrhundert nichts geändert. Die Angst vor AIDS und die damit verbundene konsequentere Benutzung von Kondomen mindert zwar die Gefahr, sich mit einer der herkömmlichen Geschlechtskrankheiten zu infizieren, aber der Umgang mit diesen ist viel lockerer geworden. Geschlechtskrankheiten sind immer noch meldepflichtig, doch fehlt dabei jegliche Kontrolle. Wenn ich im Allgemeinen zwar gegen jede Art der Bevormundung in der praktizierenden Medizin bin, so bilden die ansteckenden Infektionskrankheiten dabei eine wichtige Ausnahme. Hier sind solche Kontrollen und administrativen Maßnahmen, wie sie vom staatlichen Gesundheitswesen in der DDR angeordnet waren, durchaus angebracht. Immerhin geht es um den Schutz der Bevölkerung vor der Weiterverbreitung gefährlicher, übertragbarer Krankheiten.

„007" – Ich war Kollege Bond

Da in der allgemeinärztlichen Sprechstunde Hautkrankheiten doch einen hohen prozentualen Anteil der Klientel einnehmen, war ich froh, von dem älteren, sehr erfahrenen Dermatologen in Wismar so viel lernen zu dürfen. Meine Zeit dort fiel in eine organisatorische Veränderung im Kreis Grevesmühlen, in dem ich lebte. So wurden die Ärzte und Apotheker des Kreises willkürlich durchnummeriert. Ich hatte die Ziffer »007« bekommen, die sich auch auf meinem persönlichen Arztstempel wiederfand.

Als ich eines Tages einen Patienten aus Boltenhagen mit einem unklaren Befund und der Verdachtsdiagnose »Erythema exsudativa multiforme« an die Hautklinik in Wismar überwies, bekam ich als Bestätigung für meine Diagnose einen Brief folgenden Wortlauts: »Lieber Kollege Bond, eins rauf mit Mappe und Frühstück! Ich bestätige Ihre Diagnose und schlage folgende Behandlung vor…« Der alte Dermatologe hatte messerscharf die neue Nummer in meinem Namensstempel gesehen und sich damit seinen Spaß gemacht. Diese Reaktion war typisch für ihn, denn er hatte sehr viel Sinn für Humor. Uns verband in all den Jahren ein herzlicher, freundschaftlicher, kollegialer Kontakt.

So war es sehr angenehm für mich, dass ich nach Abschluss aller fachärztlichen Stationen zu all den Abteilungen, in denen ich gearbeitet hatte, persönliche Kontakte besaß, auf die ich zurückgreifen konnte, wenn es galt, ganz spezielle Fragen zu klären oder gar einen Patienten stationär einzuweisen.

Probleme mit dem Hochzeitsgelenk

In einer Sprechstunde auf dem Lande kann man wirklich viel erleben, besonders dann, wenn sie in Mecklenburg stattfindet. Da kam ein älterer Herr ins Sprechzimmer gehumpelt. Man sah ihm an, dass er starke Schmerzen hatte und sich nur mühsam aufrecht vorwärts bewegen konnte. »Dach ok, Herr Dokter, ik heff dat scha so in mien Hochtietsgelenk«, sagte er als Begrüßung zu mir. Ich verstand kein Wort und fragte zurück: »Was haben Sie – wo?« Er guckte mich an, als wäre ich begriffsstutzig, und wiederholte: »Wehdaach in mien Hochtietsgelenk.« Und dabei zeigte er mit der rechten Hand in Richtung Lendenwirbelsäule/Kreuzbein. Endlich dämmerte es bei mir. Der Groschen war gefallen. Ich malte mir aus, was die Leute vom Lande unter dem »Hochzeitsgelenk« verstehen und konnte mir nicht verkneifen, loszulachen. Der arme Kerl litt unter einer akuten Lumbago, einem schmerzhaften Hexenschuss. Nachdem ich ausgeschlossen hatte, dass motorische und sensible Ausfälle vorlagen und die Reflexe in Ordnung waren, verabreichte ich ihm eine Injektion in die Gesäßmuskulatur. »Das wird Ihnen in Kürze helfen«, sagte ich. »Kommen Sie morgen noch einmal vorbei, dann ist Ihr Hochzeitsgelenk wieder in Ordnung, und Sie können es wieder benutzen!« An das Plattdeutsche musste ich mich erst gewöhnen. Mit der Zeit konnte ich es gut verstehen, doch mit dem Sprechen hapert es auch heute noch.

Ein anderer Patient klagte über zunehmend starken Juckreiz zwischen dem linken vierten und fünften Zeh: »Ich halte das nicht mehr aus, Herr Doktor, besonders nachts juckt das wie verrückt, ich habe schon alles kaputt gekratzt. Da muss was geschehen. Sie müssen mir helfen!« »Dann zeigen Sie mal her«, sagte ich zu ihm, worauf er den linken Fuß frei machte. »Den rechten auch«, fügte ich hinzu. Er sah mich ungläubig an und zierte sich maßlos, weigerte sich sozusagen, den zweiten Fuß vorzuzeigen. »Das meinen Sie jetzt doch nicht im Ernst? Da hab ich doch gar nichts. Darauf bin ich jetzt aber gar nicht vorbereitet. Wenn ich das gewusst hätte, dann hätt´ ich mir den Fuß doch auch gewaschen!« Er hatte nämlich zwischen allen Zehen einen gehörigen Fußpilz, und es kostete eine Menge Überredungskunst, ihm klarzumachen, dass es sich um ein hygienisches Problem handelte und regelmäßiges Waschen und gründliches Abtrocknen zwischen den Zehen die beste Vorbeugung vor solchen Hautpilzkrankheiten sind.

Kuhfladen als Medizin

Mit dem Waschen hatte es mancher generell nicht so genau genommen. Dabei gab es überall fließendes Wasser, und die Ostsee lag direkt vor der Haustür. Aber die Zeit, in der Baden Luxus war, lag noch nicht lange zurück. Nach dem Krieg wurde jedenfalls in den meisten Familien einmal in der Woche gebadet und zwar die ganze Familie nacheinander, im selben Wasser...

Eines Tages erschien ein kräftiger Mann in den besten Jahren. Er sah mitgenommen aus und wurde von seiner Frau begleitet. Ein Handtuch war um seinen Kopf geschlungen, den er sich mit beiden Händen festhielt. »Dach ok, Her Dokter, ik heff dachlang sonn Wehdaach in mien Kopp und Nacken. Wi hemm allens versöcht. Mien Mudder heff all Kauhfladen up min Kopp lecht. Oewer dat heff allens nicks nütt. Un ik künn dat nich mehr uthollen.«

Wenn ich das richtig verstanden hatte, dann hatte seine Mutter ein wohl vorhandenes Nackenkarbunkel nach mittelalterlicher Art mit dem Auflegen frischer warmer Kuhfladen behandelt. Und danach dürfte die Entzündung erst richtig losgegangen sein. »Dann zeigen Sie mal her«, forderte ich meinen Patienten aufmunternd auf. Er nahm sein Handtuch weg, und ich bekam zu sehen, was man heutzutage wohl nur noch selten zu sehen bekommt: eine Kopfschwartenphlegmone der allerfeinsten Sorte! »Da muss ich Sie stationär aufnehmen«, offenbarte ich ihm und erklärte, dass wir den Abszess operieren und den Eiter ablassen müssten. Nach einigem hin und her ließ er sich dazu überreden. Ihm blieb angesichts seines Zustandes auch gar nichts anderes übrig. Noch am gleichen Tage haben wir im septischen OP an drei Stellen der Kopfschwarte ein bis zwei Zentimeter lange Schnitte gesetzt. Der Eiter floss in Strömen und wurde in mehreren Nierenschalen aufgefangen. Er stank fürchterlich! Dem penetranten Gestank nach zu urteilen waren Coli-Bakterien die Verursacher. Der Patient wurde antibiotisch abgeschirmt, und es war verblüffend, in welch kurzer Zeit sich der Mann von seiner schweren Krankheit erholt hatte.

Bei genauerer Betrachtung handelte es sich auch hier wieder um ein hygienisches Problem. Bei der Analyse vieler Krankheiten, die mir in der Poliklinik im Alltag begegneten, musste man tatsächlich zu dem Schluss kommen, dass die richtige Auslegung des Hygiene-Begriffs ein entscheidender Schlüssel in der Prophylaxe von Krankheiten ist. Ich darf hinzufügen: Daran hat sich bis heute nichts geändert!

Einmal »A« sagen

In den Sommermonaten, wenn der kleine Badeort mit Urlaubern überfüllt war, wussten wir manchmal vor Arbeit weder ein noch aus. Die Sprechstunden waren ständig überfüllt, und sie nahmen und nahmen kein Ende. Oft zogen sie sich bis in den Nachmittag hinein, ohne dass wir Zeit gefunden hätten, mittags etwas zu essen. Natürlich ließ dann die Konzentration auch nach und man ertappte sich bei merkwürdigen Stereotypien. Ich arbeitete ausgesprochen gerne auf dem Gebiet der Hals-Nasen-Ohrenheilkunde. Wenn andere Kollegen mit einem Spatel in den Hals sahen oder den elektrischen Spiegel benutzten, um Rachen, Trommelfell und Mittelohr zu beurteilen, setzte ich die Patienten auf einen komfortablen, drehbaren HNO-Stuhl und nahm einen Stirnreflektor, mit dem ich Mundhöhle, Nase und Gehörgänge ausleuchtete. In die Ohren sah ich mit kleinen Metalltrichtern verschiedener Größen, so wie ich das während der Ausbildung in Wismar gelernt hatte. Als ich eines Tages nach einem erschöpfenden Sprechstundenmarathon wieder einmal eine Patientin auf meinen geliebten Drehstuhl setzte und wegen ihrer Halsschmerzen mit meinem Reflektor das Licht einfing und die Rachenhöhle ausleuchten wollte, ertappte ich mich dabei, wie ich mit einem kleinen Ohrentrichter in den Hals hineinsah und die Patientin aufforderte »A« zu sagen. Sie tat brav, worum ich sie gebeten hatte. Als sie dann »A« sagte, wurde mir plötzlich bewusst, welchen Blödsinn ich gemacht hatte, welche unterschwelligen Automatismen mir da einen gehörigen Streich gespielt hatten. Natürlich sah ich nichts bei diesem Untersuchungsmanöver. Dafür war das Loch in dem kleinen Ohrentrichter viel zu winzig.

Es fiel mir schwer, nicht in Lachen auszubrechen. Deshalb zögerte ich die Untersuchung hinaus und ließ die Patientin solange den Mund offen halten, bis ich mich wieder vollends gefangen hatte. Dann wiederholte ich die Untersuchung – mit einem einfachen Holzspatel.

Nach getaner Arbeit und an den Wochenenden fühlten wir uns wie im Urlaub, wenn wir keinen Bereitschaftsdienst hatten. Der herrliche Sandstrand und die Ostsee in unmittelbarer Nähe unseres Hauses, das war schon etwas ganz Besonderes. Von Freitagabend bis Sonntag kamen die Eltern meiner Frau eigentlich immer nach Boltenhagen. Sie gehörten einfach zu uns dazu, zumal sie sich rührend und intensiv um unsere beiden Kinder kümmerten. Im übrigen hatten sie sich in ihrem eigenen Haus persönliche Räume für ihre Freizeit vorbehalten, so dass man sich auch einmal aus dem Wege gehen konnte. Wieder lag so ein Familienwochenende vor uns.

Partisanen-Jagd im Ostseebad

Boltenhagen im Hochsommer. Der kleine Badeort war übervoll mit sonnenhungrigen Urlaubern. Deshalb störte bis Mitternacht meistens ein ziemlicher Lärmpegel den frühen Schlaf. Erst wenn die Bars, Restaurants und Kneipen geschlossen hatten, legte sich die Stille der Nacht über den Ort. Nur das unermüdliche, immerwährende Rauschen des Meeres drang unterschwellig an unsere Ohren. Doch eines Nachts – ich hatte im oberen Stockwerk schon fest geschlafen – drangen von unten merkwürdige Geräusche durch das Haus. Dann plötzlich folgte ein solches Bersten, Krachen und Klirren, Brüllen und Schreien, dass ich vollends wach wurde. Ich rannte im Pyjama die Treppe herunter in die Wohndiele und sah auf ein Chaos. Mein Schwiegervater lag zusammengeschlagen mit blutiger Nase und zerbrochener Brille in der Ecke. Über ihm stand triumphierend ein Matrose der DDR-Volksmarine und dröhnte völlig unverständliche Worte ohne Sinn und Zusammenhang vor sich hin. Ich hatte die Situation schnell erfasst. Der Mann hatte von außen unsere gläserne Terrassentür samt Rahmen zertreten und zerschlagen, die Möbel zertrümmert, die draußen gestanden hatten, war in unser Haus eingedrungen und hatte meinen Schwiegervater, der im Parterre schlief und als Erster zur Stelle war, brutal niedergeschlagen. Ich stürzte mich voller Wut auf den Matrosen, schlug ihm mit der Faust zwei Frontzähne heraus und zwang ihn zu Boden. Um ihn gänzlich außer Gefecht zu setzen, stieß ich seinen Kopf mehrfach gegen die Wand, bis er k.o. war. Einen vorübergehenden nächtlichen Passanten bat ich, einen Augenblick auf meinen Kontrahenten aufzupassen, damit ich die Militärpolizei telefonisch verständigen konnte.

Innerhalb weniger Minuten war ein Überfallkommando zur Stelle. Mehrere Männer schnappten sich den Kerl, fassten zu viert an Arme und Beine und warfen ihn wie ein Stück Schlachtvieh auf einen offenen Pritschenwagen. Der Kommandochef ließ sich von mir die Situation kurz schildern, nahm unsere Personalien auf und zog sich mit den Worten zurück: »Sie hören morgen von uns.« So war es auch. Gegen zehn Uhr vormittags fuhr eine ganze Abordnung der benachbarten »Grenzbrigade Küste« aus Tarnewitz bei uns vor. Der Militärstaatsanwalt war auch zugegen, ebenfalls der Delinquent, der Eindringling der vergangenen Nacht.

Wir saßen um einen großen Tisch herum. Der Staatsanwalt eröffnete die Besprechung und begann mit einer Erklärung: »Verehrte Anwesende. Zunächst möchte ich im Namen des Oberkommandos der Grenzbrigade Küste und in meinem eigenen Namen unser Bedauern über den Vorfall der vergangenen Nacht aussprechen. Das Geschehene ist unverzeihlich und muss hart bestraft werden. Es trifft den hier ebenfalls anwesenden Fähnrich, dessen ehrenhafte Entlassung aus dem Dienst der Nationalen Volksarmee in der nächsten Woche angestanden hätte. Der Fähnrich war drei Wochen ohne Unterbrechung im Dienst auf einem Küstenmotorschiff zur Sicherung und zum Schutze unserer Westgrenze im Einsatz. Während der Zeit auf See dürfen keinerlei alkoholische Getränke an Bord ausgegeben werden. Seit gestern Mittag ist der Fähnrich an Land auf Freigang. Nach seiner eigenen Aussage hat er gestern Abend drei Flaschen Bier getrunken. Auf dem Rückweg ins Revier, etwa in Höhe dieses Hauses, habe er dann Geräusche gehört und im nächtlichen Schatten ‹Partisanen› gesehen. Daraufhin sei er zum Angriff übergegangen. Den Rest der Geschichte kennen Sie.« Ich muss zugeben, dass mir nicht ganz wohl bei der Angelegenheit war. Der arme Fähnrich sah übel zugerichtet aus, zudem fehlten ihm zwei Frontzähne. Und das alles sollte ich in der vergangenen Nacht aus ihm gemacht haben...?

»Wenn Sie Ihre Anzeige aufrechterhalten, wird der Fähnrich mit einer dreijährigen Haftstrafe zu rechnen haben, und seine Entlassung in der nächsten Woche wird ausgesetzt«, führte der Staatsanwalt seine Ausführungen fort. »Wenn wir die Anzeige zurückziehen, welche Alternative haben wir dann? Sehen Sie auf die Terrasse. Die Holzmöbel, der Tisch, die Eingangstür, alles ist zerstört! Wer kommt für den Schaden auf?«, wollte ich wissen.

Der Militärstaatsanwalt überlegte nicht lange: »Bitte bedenken Sie, bei der Armee sind alle Gewerke vertreten. Wir könnten Ihnen garantieren, dass innerhalb kürzester Zeit alle Schäden restlos beseitigt sind.« Meine Frau und meine Schwiegereltern, die mit am Tisch saßen, waren mit mir der Meinung, der junge Mann sei genug bestraft, und wir wollten ihm seine Zukunft nicht verbauen.

Nach kurzer Beratung im Familienkreis gab ich unsere Entscheidung bekannt, indem ich sagte: »Bei dem von Ihnen dargelegten Angebot der Wiederherstellung der zerstörten Möbel und Gegenstände sehen wir keine Veranlassung, unsere Anzeige weiter aufrechtzuhalten.« Man hörte förmlich den Stein von des Fähnrichs Seele plumpsen. Aber auch alle anderen schienen erleichtert zu sein. Es folgte eine kurze, förmliche Verabschiedung. Dann war die Versammlung beendet.

Pünktlich um acht Uhr am nächsten Morgen standen sechs Handwerker vor der Tür: Tischler, Zimmerleute, Schlosser, Maurer, Maler. Dazu erschien etwas später der Fähnrich in Uniform mit einem Riesenblumenstrauß, den er meiner Schwiegermutter überreichte. Er war so froh, dass er bei dieser Angelegenheit noch einmal ohne juristische oder disziplinarische Folgen davongekommen war. Wir hingegen stellten all die Dinge, die in unserem Haushalt nicht mehr ganz niet- und nagelfest waren, zur Reparatur auf die Terrasse. Die Jungens waren äußerst geschickt, und nach kurzer Zeit sah alles aus wie neu. Selbst der marode Zaun machte eine Verjüngungskur durch. Natürlich beköstigten wir unsere Handwerker fürstlich, so dass sie uns immer wieder fragten: »Haben Sie denn wirklich nichts mehr, was repariert werden muss? Wir würden so gerne noch ein bisschen bei Ihnen bleiben?«

So endete diese Episode friedlich und löste sich für alle Beteiligten in Wohlgefallen auf.

Probefahrt mit dem Leichenwagen

Ich war nicht der einzige Assistent in der Klinik. Eine fast gleichaltrige Ärztin, die ich schon vom Studium aus Rostock kannte, machte ebenfalls ihre Ausbildung in Boltenhagen. Wir verstanden und ergänzten einander sehr gut.

Sie wohnte mit ihrem Mann und den Kindern in Klütz, einer vier Kilometer entfernt gelegenen kleinen Stadt. Mit dem Auto war es für sie ein Katzensprung, zur Arbeit zu fahren. Aber wenn der fahrbare Untersatz einmal in der Werkstatt war, gab es nur noch den Bus. So kam es, dass meine liebe Kollegin eines Morgens an der Hauptstraße stand und auf den Bus wartete, weil die Batterie ihres Autos leer war und der Wagen nicht ansprang. Da sie keine Unbekannte in der Gegend war, kam es vor, dass der eine oder andere Pkw anhielt und der Fahrer ihr anbot, sie mitzunehmen. So geschah es auch an jenem Morgen. Nur hielt bei ihr nicht irgendjemand an, nein, es war der Bestattungsunternehmer aus Klütz mit seinem schwarzen Leichenwagen.

Der Chef dieses Unternehmens galt als äußerst hilfsbereit und gutmütig, er war allerdings auch für seine Geschäftstüchtigkeit bekannt. Außerdem zeichnete er sich durch weitere Besonderheiten aus: Wenn im Umkreis von 20 km auf der Straße ein Unfall passierte, war der Bestatter als Erster zur Stelle. Oft brachte er die Patienten ins Krankenhaus, weil der Krankentransport noch nicht vor Ort war.

Ich erinnere mich an einen schweren Motorradunfall bei Christinenfeld, einem Dorf zwischen der Wohlenberger Wieck und Klütz. Ich war mit einer Ambulanzschwester und dem versierten Dienstfahrer umgehend gestartet, nachdem uns der Notruf erreicht hatte. Doch als wir ankamen, war der Bestatter schon da. Und weil der Patient auf der Stelle tot war, konnte »Herr Pietät und Takt« den Leichnam auch gleich mitnehmen, nachdem ich den Totenschein ausgestellt hatte. Eigentlich konnte das nicht mit rechten Dingen zugehen. Aber es war nun einmal die Realität, dass der Totengräber stets der Erste am Unfallort war. Diese Erfahrung hatten meine Kollegen, die im Klützer Winkel ihre Praxen betrieben, auch gemacht. Eine andere Besonderheit des Beerdigungsunternehmers war sein Sprachfehler. Er stotterte so fürchterlich, dass es einen Hund erbarmen konnte. Es fiel schwer, ernst zu bleiben, wenn er an den merkwürdigsten Stellen ins Stottern geriet. Als er an jenem Morgen an der Chaussee anhielt, bot er meiner Kollegin die Mitfahrgelegenheit mit folgenden Worten an: »Moin FrFrFru DokDokDokter, kokokommn Sei, ick nnnem Sei mmmmit.« »Nee, danke, das ist nett von Ihnen, aber ich nehm heut lieber den Bus«, erwiderte meine Kollegin. »ÖÖÖwerleglegleggen sick dat gggaud, denn PrPrPrPrProbefahrt mmmöt sin«, war seine letzte Offerte. Über diese Geschichte haben wir noch oft gelacht und mussten immer dann daran denken, wenn wir – wann auch immer – einem Leichenwagen begegneten.

Das »zweite Gesicht«

Die Proktologie beschäftigt sich sozusagen mit dem »zweiten Gesicht«. Lässt man diesen Satz abstrakt auf sich wirken, könnte der Gedanke aufkeimen, es handele sich um ein psychiatrisches Phänomen frei nach dem Thriller »Der Mann mit den zwei Gesichtern«. Weit gefehlt. Hier ist die Betrachtungsebene eine rein anatomische! Ich pflege meinen Patienten zu Beginn einer entsprechenden Untersuchung immer zu sagen: »Bedenken Sie, dass wir Menschen von unserem Schöpfer alle gleich geschaffen sind. Einen Auspuff hat jeder von uns, und wir können nicht mehr tun, als uns sauber zu halten und gut zu waschen.« Dann fällt das Ausziehen der Hose schon nicht mehr ganz so schwer.

Nun gibt es aber in diesem sensiblen Körperbereich immer wieder sehr unangenehme und schmerzhafte Krankheiten. Am häufigsten sind Hämorrhoiden, venöse Gefäßaussackungen am After. Darunter leiden Millionen Menschen. Die meisten von ihnen merken nichts davon. Wenn das Blut jedoch in solchen gestauten Venen gerinnt und eine sogenannte akute Hämorroidalthrombose eintritt, ist dies für den Betroffenen mit sehr unangenehmen Schmerzen verbunden. Um so segensreicher sind die relativ einfachen Maßnahmen, mit denen man diesen lästigen Zustand beseitigen kann. Nach Einspritzung eines Lokalanästhetikums wird das Gefäß aufgespalten und der Thrombus mit einer Pinzette entfernt. Danach heilt alles erstaunlich schnell ab. Die rasche Erleichterung, die der Patient sofort verspürt, macht diesen Heileingriff zu einer sehr dankbaren Angelegenheit für den Arzt.

Aber ich erinnere mich an einen anderen dringend notwendigen Eingriff bei einem Patienten, der bei seinem Eintritt ins Sprechzimmer kaum noch gehen konnte, so stark waren seine Schmerzen. Bei der Untersuchung zeigte sich als Ursache ein sogenannter periproktitischer Abszess. Wie der Name schon sagt, liegt der Eiterherd direkt neben dem Darmausgang. Da gab es nur eines: aufschneiden und Eiter ablassen. Dazu musste der Patient auf einem Stuhl gelagert werden, der sonst nur bei Frauen zum Einsatz kommt, die sich einer gynäkologischen Untersuchung unterziehen. Ich machte mich also bereit, die Abszessspaltung vorzunehmen. Nachdem die Kurznarkose eingeleitet war, setzte ich einen Schnitt von etwa einem Zentimeter Länge. Unvorstellbar, was danach geschah: Mit enormem Druck, wie aus einer aufgeschüttelten Sektflasche, schoss der Eiter in einem dicken Strahl auf mich zu und traf mich direkt im Gesicht. Mein rechtes Auge war völlig zugekleistert. Das Schlimmste war jedoch der penetrante Gestank. Der Coli-Eiter ist wohl das Übelste, was man seiner Nase antun kann. Man wird ihn einfach nicht mehr los, auch wenn man – wie ich damals – sofort unter eine Dusche geht. Allerdings entschädigt der erleichterte Blick des von Schmerzen befreiten Patienten für alle Unannehmlichkeiten.

Tödliche Fluchtversuche

Boltenhagen war das westlichste Ostseebad in der DDR. Vom Strand aus konnte man regelmäßig die stolzen, weißen Schiffe sehen, die von Lübeck-Travemünde nach Skandinavien fuhren. Bei klarer Sicht schienen sie zum Greifen nahe. Ein Trugschluss, wie wir alle wussten. Doch bei vielen jungen Menschen bestand nach dem Bau der Mauer am 13. August 1961 der intensive Wunsch nach Freiheit, nach Freizügigkeit, nach Unabhängigkeit, nach Reisen in die ganze Welt. Da blieb es nicht aus, dass in jedem Sommer Ostseeurlauber der Versuchung erlagen, schwimmend die Fahrrinne der Lübecker Bucht zu erreichen. Dabei unterschätzten sie die Entfernung, denn es waren etwa 20 km, die Boltenhagen von der schleswig-holsteinischen Küste trennten. Außerdem lagen entlang der Seegrenze nach Westen diverse Küstenwachschiffe der

Volksmarine, ausgerüstet mit Nachtsicht- und Thermo-Suchgeräten, die nichts anderes zu tun hatten, als Flüchtlinge aufzuspüren, deren Flucht zu verhindern und sie hinter Schloss und Riegel zu bringen. Nachts wurde die Wasseroberfläche in regelmäßigen Abständen mit großen Suchscheinwerfern überwacht, die das Licht bündeln konnten und jede kleine Unebenheit auf dem Wasser sichtbar machten. Aber besonders gefährlich für die Schwimmer waren die unberechenbaren Strömungsverhältnisse und die teilweise sehr niedrigen Wassertemperaturen in der Ostsee. Wenn sie auf ihrer Flucht im Wasser nicht entdeckt wurden, ertranken die meisten Schwimmer völlig entkräftet, bevor sie westliches Ufer erreichen konnten. Die Leichen wurden durch die konstante Strömung in der Lübecker Bucht immer an den gleichen Küstenabschnitt gespült. An der Brooker Höhe, einem Strandabschnitt im Sperrgebiet, den außer einer Militärpatrouille niemand betreten durfte und der an seinem oberen Steilufer mit Stacheldraht verbarrikadiert war, spülten die toten Körper in trauriger Regelmäßigkeit an Land. Es war ein entsetzlicher, deprimierender Anblick, den diese armen Geschöpfe dem Betrachter boten. Das wochenlange Einwirken des Salzwassers, oft Verletzungen durch Fischfrass und normale biologische Umbauprozesse, die organische Substanz in der Natur verändern, sorgten dafür, dass statt eines stolzen menschlichen Körpers ein Haufen aufgeblähten, übel riechenden Fleisches am Ufer aufgefunden wurde.

Immer wenn solch ein Fall eintrat und menschliche Überreste am Strand entdeckt worden waren – und das ereignete sich in der warmen Jahreszeit nur zu oft – musste derjenige, der bei uns Bereitschaftsdienst hatte, zur offiziellen Feststellung des Todes und zum Ausstellen eines Totenscheins zum Ort des Geschehens aufbrechen. Es war wohl die psychisch belastendste aller Tätigkeiten auf der breit gefächerten Skala der ärztlichen Notdiensteinsätze. Weil »Republikflucht« das politische Motiv für die Schwimmer war, bestanden die Aktionen zur Bergung der Ertrunkenen aus einer größeren Anzahl von Personen. Zu der Abordnung gehörten – außer dem Arzt vom Dienst – der Staatsanwalt, zwei Staatssicherheitsmitarbeiter in Zivil, der zuständige Volkspolizist der Gegend, vier Soldaten der Grenzbrigade Küste mit ihrem zuständigen Offizier, die den Weg durch das unwegsame Gelände ebnen und uns die Steilküste abseilen sollten. Außerdem waren Mitarbeiter des Bestattungsinstituts vor Ort, die den Ertrunkenen schließlich bergen und einer gerichtsmedizinischen Obduktion zuführen mussten. Es kam vor, dass ich dreimal in einer Dienstwoche zur Feststellung des Todes bei einer Wasserleiche angefordert wurde. Danach brauchte ich eine geraume Zeit, um mein inneres Gleichgewicht wiederzufinden.

Die Bestatter brachten die Wasserleichen dann auf das Gelände unseres Krankenhauses. Dort hatte man – direkt gegenüber der Krankenhausküche – aus einem Stallgebäude einen kleinen Raum hergerichtet, der als externer Sektionsraum für forensische Untersuchungen vom Pathologischen Institut in Schwerin genutzt wurde. Ungünstigerweise war der Raum nicht klimatisiert. Dadurch staute sich im Hochsommer die Wärme gehörig und ließ in Anbetracht der dort gelagerten Wasserleichen penetrante Gerüche entstehen, die bis zur Chaussee wahrgenommen wurden. Ich weiß nicht, wie oft ich von Passanten wegen des Gestanks angesprochen worden bin. Die sich entwickelnde Diskussion konnte eine gefährliche Dimension erreichen, wenn man sich auf die tatsächliche Ursache einließ. Die Kaskade der Gedanken führte unweigerlich zum Thema »Republikflucht«, und das war ein Reizwort, bei dem man schon mit einem Bein im Gefängnis stand. Also vermied ich jede Einlassung dieser Art.

Wir hatten im Drei-Wochen-Rhythmus Dauerbereitschaftsdienst. Da bleibt es nicht aus, dass man ungewöhnliche Dinge erlebt. Die Wasserleichen waren schon eine makabre Besonderheit, die sich aus der unmittelbaren Nähe zur Westgrenze erklärte. Aber wie jeder Bereitschaftsarzt erlebten wir in Boltenhagen auch Unvorhersehbares, wie die folgende Geschichte zeigt.

Der Ostpreuße aus Pillkallen

An einem späten Herbstsamstagabend erhielt ich einen Notruf aus einer Kneipe in Klütz. Der Anrufer schrie aufgeregt ins Telefon und teilte mir mit, einer der Gäste sei, nachdem er einen Schnaps auf ex ausgetrunken habe, umgekippt und würde nicht mehr atmen. Sein Kopf sei hochrot, als würde er gleich platzen. Einen Krankenwagen brauche ich nicht zu bestellen, denn der Bestatter sei auch in der Wirtschaft und habe seinen Wagen vor der Tür. Er habe sich bereiterklärt, den Mann sofort ins Krankenhaus zu fahren. Er sei in spätestens fünf Minuten da.

Ich verständigte die Schwester vom Dienst. Zusammen bereiteten wir in Sekundenschnelle in der Ambulanz alles für die notwendigen Wiederbelebungsmaßnahmen vor. Dann hörten wir draußen schon die Bremsen quietschen. Wir schauten aus dem Fenster und sahen den Leichenwagen vor der Tür stehen. Der Bestatter und zwei weitere kräftige Gestalten bemühten sich, einen ohnmächtigen, schwergewichtigen Mann aus dem Fahrzeug zu zerren und in die Ambulanz zu tragen. Das war Schwerstarbeit!

Auf meine kurze Frage, was passiert sei, erfuhr ich nur das, was man mir auch schon am Telefon gesagt hatte. Allerdings wusste einer der drei Männer zu berichten, dass der Betroffene ostpreußischer Herkunft sei und nicht nur den Schnaps getrunken, sondern nach alter heimatlicher Sitte eine Wurst auf das Glas gelegt und diese mit heruntergeschluckt habe.

Ziemlich ratlos blickte ich auf den Koloss von Mensch mit seinem hochroten Kopf, dessen Halsschlagadern wie dicke Stränge zwischen Schlüsselbeinen und Ohren hervorgequollen waren. Immerhin, sie pulsierten noch, wenngleich der Mann jetzt wohl mittlerweile sechs bis sieben Minuten nicht mehr geatmet hatte. »Schwester Ilse, halten Sie den Mund mit dem Sperrer auf und reichen Sie mir die Lampe«, wies ich meine Assistentin an. Bei der Betrachtung der Mundhöhle war nichts Besonderes festzustellen, wenn man von dem penetranten Schnapsgestank einmal absehen wollte.

»Das Laryngoskop und etwas mehr Licht!«, waren meine Bitten an die Schwester. Sie stellte die große OP-Leuchte optimal ein, so dass ich den Rachen mit einem Panoramablickwinkel perfekt einsehen konnte. Als ich den Kehlkopfspiegel einführen wollte, bemerkte ich einen Widerstand. Jetzt sah ich auch ein ganz feines Häutchen am Übergang vom Rachen zur Luftröhre.

»Was ist das?«, sagte ich quasi zu mir selbst und bat im gleichen Augenblick um eine Kornzange – eine relativ schlanke, lange Zange mit zwei präzise greifenden Backen an der Spitze. Ich versuchte, das zarte Gewebe zu fassen, von dem ich wusste, dass es dort nicht hingehörte, doch es riss ab. Beim zweiten Versuch ging ich noch behutsamer vor. Ich arretierte die Kornzange, als ich ein Stück der vermeintlichen Materie zu fassen bekommen hatte und zog so sanft und vorsichtig daran, als gelte es das Leben, das an diesem seidenen Faden hing, zu retten. Und siehe da, wie aus einem Überdruckkessel flog ein Geschoss aus der Mundhöhle des Patienten heraus! Die Zange fiel mir vor Schreck aus der Hand, aber der Mann atmete wieder. Aber was war das für ein Teil, das aus dem Rachen an unseren Köpfen vorbeigeflogen war? Wir suchten den Boden ab und fanden tatsächlich eine halbe Bockwurst. Diese Wurst hatte wie ein Korken auf einer Flasche in der Luftröhre des Mannes gesteckt und das Atmen unmöglich gemacht.

Nun wird jeder Mediziner an dieser Stelle sagen, dass ein Überleben mit spontan einsetzender Atmung in solch einer Situation ganz unmöglich sei, weil das sensible, parasympathische Nervengeflecht im Bereich des Kehlkopfes und Rachens im Falle einer Komprimierung durch einen festen Gegenstand, wie dieser Wurst, sofort den sogenannten Bolus-Tod auslösen würde. Doch weit gefehlt, wie meine Beobachtung lehrt. Ein erfahrener Anästhesist erklärte dieses Phänomen als Folge des volltrunkenen Zustandes. Durch ihn sei der natürliche Reflexmechanismus außer Kraft gesetzt bzw. so stark abgeschwächt gewesen, dass kein Herz-Kreislauf-Stillstand eingetreten sei. Da standen wir nun vor dem Patienten, der dem Tod noch einmal von der Schippe gesprungen war.

Inzwischen konnte auch das Geheimnis um die Wurst in seinem Hals hinreichend geklärt werden. In der Kneipe war ordentlich gesoffen worden. Der alte Ostpreuße, mit dem wir es hier zu tun hatten, stammte aus dem Landkreis Pillkallen. Dort gab es einen alten Spruch, der lautete so: »Es trinkt der Mensch, es säuft das Pferd, in Pillkallen ist's umgekehrt.« An diesen Leitspruch hatten sich die Gäste in der Klützer Kneipe wohl an jenem Abend gehalten. Ein Spezialgetränk in Pillkallen war der sogenannte »Pillkaller«. Das ist ein klarer Schnaps, auf dessen Glas eine Scheibe Leberwurst gelegt wird, die dann zusammen mit dem Schnaps in den Mund gekippt wird. In Ermangelung einer Leberwurstscheibe hatte unser Patient eine halbe Bockwurst quer über das Schnapsglas gelegt. Beim hastigen Trinken vergaß er in seinem Suff, die Wurst zu kauen und inhalierte sie versehentlich, so dass sie den Verschluss der Atemwege verursachte.

Nachdem wir unseren ostpreußischen Suffkopp lange genug beobachtet hatten, verlegten wir ihn mit laufenden Infusionen zur Beobachtung auf die Station. EKG, Blutdruck und Puls waren stabil, so dass wir davon ausgehen konnten, dass er das Ereignis unbeschadet überstehen würde.

Nachts gegen drei Uhr klingelte erneut mein Telefon. Ich wurde zu einer Patientin in einem kleinen Dorf hinter Klütz gerufen, die akute Herzbeschwerden beklagte. Unser Bereitschaftsfahrer holte mich ab. Er raste mit mir über die leere, nächtliche Chaussee zwischen Boltenhagen und Klütz. Plötzlich machte er eine Vollbremsung. Meine Arzttasche flog durch den Innenraum, der Wagen stellte sich quer. Glücklicherweise war nichts weiter passiert. Aber was war geschehen? Hinter einer unübersichtlichen Kurve torkelte ein Mann in dunkler Kleidung von einer Straßenseite auf die andere. Die totale Bremsung war notwendig gewesen, wollte mein Fahrer nicht Gefahr laufen, den einsamen Passanten zu überfahren. Doch was stellten wir bei genauer Betrachtung der Situation fest? Der Fußgänger war nicht irgendjemand, nein, es war der Ostpreuße aus Pillkallen vom Vorabend. Auf der Station angekommen, hatte er dort drei Stunden den schlimmsten Teil seines Rausches ausgeschlafen. Dann riss er sich die Infusionsschläuche aus den Venen, zog sich an und verließ das Krankenhaus zu Fuß auf eigene Faust. Jetzt hatte er ein zweites Mal in kurzer Zeit seinen Schutzengel arg strapaziert.

Geburt in der Küche

Die Palette der medizinischen Einsätze im Notdienst ist riesengroß. Vor allem sind sie in keiner Weise planbar. Man musste eigentlich immer auf alles vorbereitet sein.

Im Winter 1968 hatte Frau Holle wahrlich nicht mit Schneeflocken gegeizt. Was waren das für Schneemassen! Der Straßenverkehr lag teilweise komplett lahm. Jedenfalls war bei uns an der Ostsee nicht daran zu denken, mit dem Auto auch nur kleine Strecken zurückzulegen. Die Straße von Klütz nach Boltenhagen war durch Schneeverwehungen gesperrt und konnte tagelang auch von größeren Fahrzeugen nicht benutzt werden. Sogar Panzer kamen zum Einsatz, welche die zugewehten Hauptstraßen wieder passierbar machen und die Grundversorgung sichern sollten. Für unsere ärztliche Tätigkeit bedeuteten solche Unwettersituationen erschwerte Arbeitsbedingungen. Schwerkranke mussten zu Hause aufgesucht und dort behandelt werden, soweit das möglich war.

In dieser Situation erreichte uns ein Notruf aus Redewisch, einem kleinen Dorf, das sich an das Ostseebad Boltenhagen nach Westen anschließt. Dort lag eine Frau in den Wehen. Die nächste Hebamme wohnte in Klütz, das ja durch Schneeverwehungen von Boltenhagen abgeschnitten war. So blieb mir gar nichts anderes übrig, als mich zu Fuß auf den Weg dorthin zu machen. Ich stapfte mit einem Entbindungsnotbesteck durch meterhohen Schnee und brauchte wohl etwas mehr als eine Stunde, bis ich am Zielort eintraf. Mir war nicht ganz wohl bei der Sache. Ich hatte zwar schon einige Kinder auf die Welt gebracht, aber immer unter Krankenhausbedingungen und stets in dem Bewusstsein, es handele sich um normale Lagen. Außerdem war im Notfall jemand im Hintergrund, der mir helfen würde, sollten Komplikationen auftreten.

Jetzt war ich völlig auf mich allein gestellt und hatte keine genaue Vorstellung von dem, was mich erwartete. Ich kam zu besagtem Haus, einer alten Kate, die völlig zugeschneit war und deren Eingang ich zunächst nicht finden konnte. Ich bahnte mir einen Weg um das Haus und fand endlich einen schmalen Pfad, der mir die Richtung zur Eingangstür wies. Ohne zu klopfen betrat ich das alte Bauernhaus und landete in der Diele. »Hallo, ist hier jemand?« rief ich laut. Da öffnete sich eine Tür. Ein altes Mütterchen kam heraus. »Gut, dass Sie endlich da sind. Kommen Sie schnell in die Küche, der Kopf guckt schon raus«, brachte sie aufgeregt hervor. Ich folgte ihr in die Küche. Da lag die werdende Mutter auf dem Tisch, die Beine aufgesetzt und gespreizt und stöhnte laut im Rhythmus ihrer Wehen. Sie erwartete ihr viertes Kind, wie ich von der Großmutter erfahren hatte. Sie hatte schon drei Mädchen. Rasch wusch ich mir die Hände und desinfizierte sie, bevor ich mich der Gebärenden zuwandte. Der Geburtsvorgang war bereits in vollem Gange, und wahrscheinlich wäre alles ohne mich genauso unkompliziert über die Bühne gegangen.

Die alte Frau, Mutter der Patientin, hatte eine große Schüssel mit heißem Wasser bereitgestellt und stand ihrer Tochter bei. Als die nächste Wehe kam, ermunterte ich die Gebärende, mit aller Kraft in das Becken hinein zu pressen. Ich selbst half, indem ich die Bauchdecken von oben kräftig stützte. Da erschien schon vollends der Kopf des Kindes im Schoß der Mutter, und alles andere war ein Kinderspiel. Den Kopf seitlich gefasst begleitete ich quasi passiv unter leichtem Zug das Ausgleiten des Neugeborenen aus dem Mutterleib. Die Nabelschnur klemmte ich beiderseits ab und unterband sie, bevor ich sie mit der Schere durchtrennte. Das alles begleitete der neue Stammhalter – es war der erste männliche Nachkomme – mit einem kräftigen Schreikonzert. Die Großmutter kümmerte sich um den Sprössling, während ich auf die Nachgeburt wartete. Ich kontrollierte sie auf Vollständigkeit und war zufrieden, dass alles so reibungslos und unkompliziert vonstatten gegangen war. Geschafft! Als ich mich anschickte, den Heimweg anzutreten, kam die Großmutter auf mich zu und bedankte sich im

Namen der ganzen Familie bei mir. Sie ließ es sich nicht nehmen, mir eine große Tüte mit 20 Hühnereiern zu schenken. Eine Geste der Dankbarkeit, der man in Mecklenburg häufig begegnete. Die Schwierigkeit bestand für mich nun darin, diese Tüte unter den gegebenen Umständen heil durch den Schnee nach Hause zu bringen. Ich versuchte es. Und tatsächlich, nicht ein Ei war mir zerbrochen.

Die Stasi und andere Katastrophen

So ruhig die Wintermonate auch verliefen, irgendwie fühlten wir uns doch einsam in Boltenhagen. Vom Arbeitsalltag abgesehen, gab es nicht viel zu erleben. Kein Theater, keine kulturellen Veranstaltungen, nur ein provisorisches Kino, das ausschließlich alte Filme zeigte. Keine gemütlichen Kneipen und auch wenig Abwechslung durch Menschen, die zu Besuch kamen. So verbrachten wir den Winter in Abgeschiedenheit und versuchten uns über das Fernsehen wenigstens aktuelle Informationen zu verschaffen. Um aber westliche Sender empfangen zu können, musste man zum einen die Antenne in westliche Richtung ausgerichtet haben, andererseits im Besitz eines sogenannten Konverters sein, einem selbst gebastelten Hochfrequenzgerät, mit welchem der Empfang der ARD und des ZDF möglich wurden. Natürlich war das verboten, und man durfte sich nicht dabei ertappen lassen.

Letztendlich waren alle froh, wenn die Sonne wieder höher stand und die Urlauber nach Boltenhagen strömten. Da können heiße Sonntage an der Ostsee das Paradies bedeuten. Wenn man in der Hochsaison allerdings ärztlichen Notdienst versehen muss, ist das gleichbedeutend mit viel Arbeit.

Obwohl am gesamten breiten Ostseestrand in regelmäßigen Abständen bewachte Rettungstürme standen, blieb es nicht aus, dass im Getümmel Tausender Badelustiger hin und wieder ein Badeunfall passierte. Überwiegend betraf das Kinder, aber auch alte Menschen, die nicht gesund waren oder mit vollem Magen oder unter Alkoholeinfluss ins Wasser gegangen waren. Sie kollabierten beim Baden und mussten gerettet werden. Nicht immer kam die Hilfe rechtzeitig, häufig, weil die Vermissten nicht schnell genug aufgefunden wurden. Wenn ein Rettungsturm unseren Noteinsatz anforderte, war die Situation meistens ernst. Wir rückten dann mit einem tragbaren, ambulanten Reanimationsgerät an und begaben uns zum beschriebenen Strandabschnitt. Parallel dazu orderten wir einen

Krankenwagen zur Unglücksstelle. Wenn der Verletzte noch im Wasser war, führten wir bereits dort die Mund-zu-Mund-Beatmung durch und ergänzten diese, wenn bereits ein Herz-Kreislaufstillstand eingetreten war, durch eine extrathorakale Herzmassage, sobald wir festen Boden unter den Füßen hatten. Intubation und Einführen eines Trachealtubus schlossen die Erstmaßnahmen ab. Erschwerend war die Masse an gaffenden Menschen, die sich um das Geschehen scharte. Der Notarztwagen fuhr uns dann unverzüglich in die Krankenhausambulanz, wo wir unsere Bemühungen unter geordneteren Bedingungen fortsetzen konnten. In Dutzenden von Fällen kam unsere Hilfe jedoch zu spät.

Wenn die Betroffenen längere Zeit unbemerkt unter Wasser gelegen hatten, und die Sauerstoffzufuhr dadurch über einen größeren Zeitraum unterbrochen war, blieben alle Wiederbelebungsmaßnahmen ohne Erfolg. Das waren schreckliche Situationen für alle Beteiligten. Wir mussten beispielsweise den Eltern eines ertrunkenen kleinen Mädchens, das morgens noch fröhlich am Strand mit seinen Geschwistern gespielt hatte, sagen, dass ihr Kind tot sei. Die Verzweiflung dieser Menschen war unbeschreiblich groß. Es spielten sich erschütternde Szenen in unserem Krankenhaus ab. In vielen Fällen bekamen die Angehörigen einen Nervenschock und mussten medikamentös behandelt werden. Auf der anderen Seite wurde unsere eigene emotionale Belastbarkeit durch solche Ereignisse arg strapaziert, so dass solche Dienste nicht spurlos an uns vorübergingen. Freud und Leid, Menschenleben retten und Niederlagen einstecken, das sind Gegensätze, die sich in solchen Dienstabläufen offenbaren.

So kräftezehrend der Dienst in den Sommermonaten mit dem ständigen Schlafdefizit und der Fülle dramatischer Ereignisse an der Ostsee auch war, die Menschen, mit denen man es zu tun hatte, wuchsen einem ans Herz. Ob es der Bestatter aus dem Nachbarort war oder einer der Krankenwagenfahrer, eine der Krankenschwestern oder unser Bereitschaftsfahrer, alle hielten zusammen und waren darauf bedacht, sich gegenseitig zu helfen. Das ist wohl ein typisches Merkmal einer kleinen Diensteinheit, in der jeder jeden kennt, seine Stärken, seine Schwächen – und seine politische Einstellung.

Letzteres war nicht unwichtig. Der DDR-Staat verlangte bedingungslose Akzeptanz seines Machtapparates, mit allem, was dazu gehörte. Andersdenkende wurden als Staatsfeinde behandelt. Daraus erwuchsen natürlich immer wieder Probleme. In jedem von uns steckt der natürliche Wunsch, frei zu sein in seinen Gedanken und auch im eigenen Handeln. Schlimm genug, dass wir nach der Grenzziehung und dem Mauerbau 1961 eingesperrt waren, abgeschottet vom größten Teil der zivilisierten Welt. Das widerspruchslos hinzunehmen und nicht einmal diskutieren zu dürfen, fiel schwer. Zumal wir täglich den Westen sahen, zumindest aus der Ferne. Mit Wehmut erblickten wir auf westlicher Seite die vorbeiziehenden weißen Schiffe der Lübeck-Skandinavien-Linien. So erlebten wir die politische wie geografische Abschottung immer wieder neu. Hier Boltenhagen, da die weite Welt. Welch ein Kontrast! Die deutsche Teilung wurde von uns an dieser Nahtstelle zwischen Ost und West – im Grunde vor unserer Haustür – besonders deutlich empfunden. Immer wieder wurden Menschen aus unserer Mitte urplötzlich verhaftet. Manchmal hatten sie nur dem falschen Zuhörer einen politischen Witz erzählt, oder sie hatten sich kritisch zu politischen Themen geäußert.

Auch für mich änderte sich das beschauliche Leben an der See unvermittelt, nachdem mein bester Freund mit seiner Familie in den Westen geflohen war. Der Staatssicherheitsdienst verhaftete meine Frau und mich immer wieder zu Kurzverhören und drohte mir mit Inhaftierung und Berufsverbot. Sie behaupteten, wir hätten von den Fluchtabsichten unserer Freunde gewusst und seien die Nächsten, die in die Bundesrepublik fliehen wollten. Das Leben ging weiter, doch es war nichts mehr so, wie es vorher war. Wir nahmen unsere Arbeit sehr ernst und konzentrierten uns auf unsere Familie. Doch in dieser Zeit reifte der Gedanke, nicht ewig in diesem diktatorischen Staat leben zu wollen.

Blutbad auf einsamem Acker

Unfälle geschehen manchmal an den unmöglichsten Orten. So wurde ich an einem Samstagnachmittag, an dem ich Rufbereitschaftsdienst hatte, von einer gemütlichen Kaffeetafel weggerufen. Der Notruf kam aus Goldbeck. Ein kleines Dorf unweit von Klütz, das etwas abseits liegt und nur über sehr schlechte, provisorische Straßen zu erreichen war. Die eingehende Meldung besagte, dass ein Landarbeiter auf einem Acker bei Goldbeck von einem Ochsen schwer verletzt worden sei. Dieser habe dem Bauern mit seinen Hörnern den ganzen Bauch aufgeschlitzt! Es schien auf jeden Fall Eile geboten. Mit der Ambulanzschwester vom Dienst, die auch eine abgeschlossene Ausbildung zur OP-

Schwester hatte, machte ich mich mit einem Krankenwagen auf den Weg. Es war eine recht holperige Fahrt. Die armen Achsen, dachte ich nur, wenn wir von einem Schlagloch ins nächste fielen. Am Ortseingang wurden wir schon erwartet. Ein Mann stieg bei uns ein und wies uns den Weg. Es ging querfeldein über den Acker. Von weitem sahen wir an einer einsamen Stelle neben einem Knick einen Landarbeiter in seiner Arbeitskleidung auf dem Rücken liegen und mit den Armen in der Luft herumfuchteln. Wir eilten zu ihm, so schnell es ging. Dort bot sich uns ein schreckliches Bild. Der ganze Bauch des Mannes war von der Symphyse bis zum Sternum, das heißt vom Becken bis zum Brustkorb breit aufgerissen. Ein großer Teil des Dünndarms war nach außen vorgefallen und lag auf der schmutzigen Hose. Aber damit nicht genug. In rhythmischen Abständen spritzte pulsierend aus einem verletzten Blutgefäß regelmäßig frisches, arterielles Blut auf die Klamotten und die Umgebung des Opfers. Zu allem Überfluss tummelten sich bei den hochsommerlichen Temperaturen massenhaft Fliegen im Verletzungsbereich. Sie waren der Grund dafür, dass der Bauer so vehement mit den Armen um sich geschlagen hatte. Er wollte die Insekten vertreiben. Nachdem wir den Mann auf einer gepolsterten Trage richtig gelagert hatten, klemmte ich das spritzende Blutgefäß mit einer Kocher-Klemme ab. Dann tränkten wir einige große, sterile Mulltücher in physiologischer Kochsalzlösung und befeuchteten mit ihnen die frei liegende Darmschlingen und deckten die Wunde ab. Der Unfallpatient erhielt eine Infusion mit einem Plasmaexpander, um den eingetretenen Volumenverlust auszugleichen. Durch den Infusionsschlauch konnten wir gleichzeitig ein Schmerzmittel verabreichen. Damit war die Notversorgung abgeschlossen.

Vorsichtig trugen wir den Patienten zusammen mit unserem Fahrer zum Krankenwagen. Wir wollten in die Chirurgische Klinik nach Schönberg fahren, weil dort die besten Möglichkeiten für die chirurgische Versorgung zur Verfügung standen. Um keine Zeit zu verlieren, beauftragten wir den Landarbeiter, der uns auf dem Weg über den Acker begleitet hatte, die Klinik in Schönberg telefonisch darüber zu verständigen, dass wir in Kürze einen Patienten mit einer großen, offenen Bauchverletzung bringen würden. Wir wussten nicht, welche Informationen wirklich übermittelt wurden. Fest stand hingegen nur, dass wir bei unser Ankunft in Schönberg nicht erwartet wurden. Der Dienst habende Chirurg musste erst von zu Hause geholt werden, bevor die Not-OP stattfinden konnte. Verblüffend war dann allerdings das Ergebnis des Heilungsprozesses. Trotz der zahllosen Fliegen und der unhygienischen Verhältnisse verheilte die Wunde entzündungsfrei. Die Fäden konnten nach zehn Tagen entfernt und der Patient am elften Tag geheilt nach Hause entlassen werden.

Die Bettengruft von Neuenhagen

Bereitschaftsdienste sind die Arbeitszeiten, in denen man trainiert wird, rasch mit Notsituationen fertig zu werden, schnelle Entschlüsse zu fassen und diese in die Tat umzusetzen. Ob akute Blutungen oder kolikartige Bauchschmerzen, ob Wiederbelebungsmaßnahmen am Strand oder ein Herzinfarkt, in jedem Fall muss sofort eine richtige Entscheidung getroffen werden. Für alle Ärzte, die im großen Einzugsgebiet des Klützer Winkels am organisierten ärztlichen Notdienst beteiligt waren, gab es eine Adresse in Neuenhagen, die jeder kannte. Neuenhagen, ein kleines Dorf, dessen wenige Häuser entlang der Straße lagen, auf der man die Ortschaft erreichte, lag im sogenannten Sperrgebiet der DDR und somit in der Fünf-Kilometer-Zone zur

Bundesrepublik. Man durfte also nur mit besonderer Genehmigung dorthin fahren. Im Notdienst hatten wir eine solche Erlaubnis. Ich wunderte mich allerdings darüber, dass ich dorthin noch einreisen durfte, nachdem mich die Sicherheitsdienste ins Visier genommen hatten. Immerhin liegt dieses Dorf schätzungsweise nur zwei Kilometer von der Westgrenze entfernt.

In dem Haus, das schon viele Ärzte gesehen hatte, lebte damals eine junge Frau bei ihren Eltern. Sie litt unter Bronchialasthma. Wenn die Mutter sich telefonisch beim Notdienst meldete, weil die Tochter von einem schweren Asthmaanfall heimgesucht wurde, und das kam leider recht häufig vor, war jedes Mal Eile geboten. Ich weiß nicht, wie oft ich mit unserem Fahrer den Weg dorthin schon gefahren war. Jener Abend im Herbst sollte sich aber besonders fest in mein Gedächtnis einprägen.

Unser Fahrer drückte kräftig auf das Gaspedal seines »Moskwitsch«, als er hörte, wohin die Fahrt ging. Kurz vor Klütz musste er seine gute Reaktionsfähigkeit unter Beweis stellen. Auf der kurvenreichen Strecke wanderte urplötzlich, sozusagen aus dem Nichts auftauchend, eine ganze Rotte Wildschweine über die Straße. Die Muttertiere wogen sicher zwei bis drei Zentner. Denen hätte das

Trompetenblech unseres Russenautos wohl nicht standgehalten. Aber meinem versierten Fahrer gelang es, unser Auto zu stoppen. Die Wildschweine trotteten seelenruhig über die Chaussee, so dass wir unsere Fahrt bald fortsetzen konnten. Weiter ging es über Klütz und Kalkhorst nach Neuenhagen.

Die Mutter stand schon ganz aufgeregt vor der Tür. »Heute ist es ganz besonders schlimm«, sagte sie mit vor Aufregung zitternder Stimme. »Sie bekommt einfach keine Luft mehr und sieht schon ganz blau aus.« Ich rannte mit meinem kleinen Arztkoffer ins Haus. Den Weg kannte ich ja schon von früheren Einsätzen. Und tatsächlich, vor Jappsen, Giemen und Pfeifen konnte die junge Frau gar nicht mehr sprechen. Ich ließ mein Stethoskop stecken. Diese Bronchien abzuhören wäre reine Zeitverschwendung gewesen. Aus meinem Köfferchen entnahm ich zwei Spritzen und einige Ampullen, die sich genau an dafür bestimmten Plätzen befanden, damit man sie notfalls auch im Dunklen finden konnte. Die Lichtverhältnisse in dem kleinen Zimmer waren tatsächlich miserabel, so dass sich die systematische Ordnung in meiner Tasche einmal mehr bewährte.

Nachdem ich in ziemlicher Geschwindigkeit mit der einen Spritze eine größere Menge Kortison aufgezogen und die andere mit einer die Bronchien erweiternden Substanz gefüllt hatte, nahm ich den Stauschlauch und setzte mich mit einigem Schwung auf die Bettkante, um gut an die Armvenen heranzukommen. Dabei geschah etwas Entsetzliches! Das alte Holzbett brach unter der Last der kranken Frau und meiner schwungvollen Annäherung laut krachend zusammen. Ich war zu Tode erschrocken. Die um Luft ringende Patientin lag mitten in ihrem zerbrochenen Bett auf der Matratze halbwegs unter mir, der ich über sie gerutscht war. Die beiden Spritzen waren mir aus der Hand geglitten und die Nachttischlampe auf den Boden gefallen, so dass kein Licht mehr im Raum war.

Von dem Lärm aufgeschreckt, kamen die Eltern der Kranken herbeigeeilt. Sie sahen die Bescherung, halfen mir aus meiner prekären Lage und zogen dann ihre Tochter aus der Bettengruft nach oben. Ich nahm meine Spritzen vom Fußboden auf, wechselte die Kanülen und zögerte keine Sekunde mehr, der Asthmakranken unter dem Licht einer Taschenlampe, die der Vater bediente, die segensreichen Medikamente in die Vene zu injizieren. Zum Glück ließ die Wirkung nicht lange auf sich warten. Die Asthmakranke erholte sich zusehends. Sie konnte bald wieder frei durchatmen, so dass ich mit gutem

Gewissen die Rückfahrt antreten konnte. Ein denkwürdiger Notarzteinsatz!

Wenn ich heute – beinahe 50 Jahre später – mit dem Auto von Lübeck über die Nebenstraße nach Boltenhagen fahre, passiere ich auch den Ort Neuenhagen. Jedes Mal holt mich meine Vergangenheit wieder ein. Wenn ich dann beginne, meiner Frau immer aufs Neue die alte Story von dem besagten Krankenbesuch zu erzählen, winkt sie müde ab und sagt: »Ja, ja, ich weiß, hier wohnte deine Asthma-Patientin...«

Das Daumen-Wunder

Oft hatte ich darüber nachgedacht, ob es überhaupt sinnvoll für mich war, an der Charité in Berlin eine Hospitation in der Klinik für Unfall- und Handchirurgie zu absolvieren. Natürlich lernt man überall etwas dazu, ob man das Neue später auch wirklich nutzbringend anwenden kann, ist eine ganz andere Frage. Doch meine Berliner Erfahrungen kamen schneller zum Einsatz als gedacht, als eines Tages ein selbständiger Tischlermeister aus Klütz zu uns nach Boltenhagen gebracht wurde. Er hatte sich mit der Bandsäge den rechten Daumen bis auf einen kleinen restlichen Strang am inneren Grundgelenk fast vollständig abgetrennt.

Was war da zu tun? Eine spezielle handchirurgische Abteilung gab es weder in Wismar noch in Grevesmühlen oder Schönberg. Ich hatte mir aus Berlin ein paar wichtige Utensilien mitgebracht, die zum Handwerkszeug der Handchirurgie gehören. Das waren spezielle Sehnennahtbestecke und vor allem ein hauchdünner platinveredelter Stahldraht. Letzterer war so dünn wie ein kräftiges Frauenhaar, bestand aber trotzdem aus etwa sieben geflochtenen Einzelsträhnen. Neben seiner hohen Reißfestigkeit zeichnete er sich dadurch aus, dass er wochenlang im Gewebe verbleiben konnte, ohne eine Reiz- oder Abstoßreaktion hervorzurufen. Nach der Umstrukturierung unseres Kreisgesundheitswesens, der die chirurgische Abteilung und die Gynäkologie und Geburtshilfe in Boltenhagen zum Opfer gefallen waren, konnten wir jedoch noch auf den großen, aseptischen OP zurückgreifen. Er war ungenutzt, aber einsatzbereit.

Da eine unserer Ambulanzschwestern eine voll ausgebildete OP-Schwester war, entschloss ich mich, den Versuch zu machen, den Daumen des Tischlers zu rekonstruieren und wieder zusammenzuflicken. Ein ziemliches Wagnis! Ich habe darüber freimütig mit meinem Patienten diskutiert und ihm die Chancen und Risiken aufgezeigt. Unter Abwägung der vorhandenen Möglichkeiten und der Einbeziehung der Schwere der Verletzung war meines Erachtens ein Versuch, den Daumen zu retten, gerechtfertigt. Bei kritischer Betrachtung der Situation hätte auch niemand etwas dagegen sagen können, wenn man den Finger ganz abgetrennt und den Stumpf ordentlich verschlossen hätte.

Ich hatte in Berlin oft genug gesehen, wie die Kollegen solche Eingriffe durchführten und war selbst als Assistent bei solchen Operationen dabei gewesen. Trotzdem war es ganz etwas anderes, ohne geübten Assistenten eine solche Rekonstruktion des Fingers eigenverantwortlich vorzunehmen. Nachdem ich mich entschlossen hatte, den Rettungsversuch für den Daumen zu wagen und die Einwilligung des Patienten vorlag, traf ich die notwendigen Vorbereitungen. Der große OP wurde reaktiviert und das notwendige Equipment mit speziellen Nahtmaterialien bereitgestellt. Das Zeitfenster, die Acht-Stunden-Grenze für die Primärversorgung einer Wunde, war noch lange nicht überschritten. In subaxillarer Leitungsanästhesie, das ist ein Betäubungsblock, den man in die Achselhöhle unterhalb des Schultergelenkes spritzt und der den ganzen Arm gefühllos macht, begann ich zunächst den Knochen mit einem Kirschnerdraht zu stabilisieren und die Fragmente aneinander zu fixieren, wobei das Gelenk versteift wurde.

Als das gelungen war, adaptierte ich den inneren Nervenstrang und nähte die Strecksehne mit einem speziellen Nahtbesteck, das eigentlich der Berliner Charité gehörte. Die Beugesehne war erhalten geblieben. Zum Schluss kam der platinveredelte Draht zum Einsatz. Mit diesem Material ließ sich die Haut wunderbar zusammenziehen und spannungsfrei decken, so dass nach knapp zwei Stunden der geflickte Finger wieder wie ein Daumen aussah. Er musste nur noch heilen! Immerhin fehlte auf der einen Seite der arterielle Gefäßstrang zur Ernährung des Gewebes. Zu guter Letzt entschloss ich mich, einen dicken, gepolsterten Unterarm-Gipsverband anzulegen, damit der operierte Finger druckfrei, aber absolut bewegungsunfähig ruhen konnte. Sicherheitshalber schirmten wir den Patienten für sieben Tage mit einem Antibiotikum ab, um einer Infektion vorzubeugen. Dann kam die schwierigste Übung, das Warten! Ich bestellte den Patienten regelmäßig, um zu prüfen, ob Schmerzen, Fieber oder sonstige Auffälligkeiten bestanden und ob der Gipsverband noch richtig saß. Da alles äußerlich einen guten Eindruck machte, sprach nichts dagegen, sechs Wochen zu warten, bis der Gipsverband abgenommen werden konnte.

Das war ein höchst spannender Moment. Ich war auf alles gefasst. Würde der Finger schwarz aussehen und damit abgestorben sein? War die Ernährungssituation ausreichend für eine komplette Wundheilung gewesen? War es uns gelungen, die Verletzung absolut keimfrei zu versorgen?

Nach der Gipsabnahme sollten wir es wissen. Erst fiel der Gips, dann wurde die Polsterung Stück für Stück entfernt. Danach konnten wir endlich sehen, was aus dem Daumen geworden war. Es kam mir wie ein Wunder vor. Der Finger sah prächtig aus. Er war nicht geschwollen und hatte eine normale Hautfarbe. Die feinen Drahtnähte saßen völlig reizlos aneinandergereiht in der Haut. Ich entfernte sie sofort, beließ jedoch den Kirschnerdraht und die Sehnennaht noch für zwei Wochen. Nach dieser Zeit entfernte ich beide und ließ den Finger durch eine Physiotherapeutin vorsichtig mobilisieren. Von Woche zu Woche besserte sich die Funktion, und nach insgesamt drei Monaten konnte der Tischler seinem Beruf wieder nachgehen. Dieses Erlebnis war ein Highlight für mich, zumal das Ergebnis für alle Beteiligten einen glücklichen Ausgang hatte.

Wenn nur noch das »Warum?« bleibt

Mancher Dienst hatte es besonders in sich, weil man nicht mehr helfen konnte. Ich erinnere mich an eine Meldung, die mich in einer Dienstwoche in den frühen Abendstunden erreichte: »Ein Mann wurde auf dem Dachboden erhängt aufgefunden!« Der Dienstwagen holte mich umgehend ab. Es war nicht weit bis zur Wohnung des Mannes, der in einem Mehrfamilienhaus wohnte. Eine Traube von Menschen hatte sich vor der Eingangstür versammelt und harrte der Dinge, die nun kommen sollten. Ich rannte die Treppe hoch, bis ich den Boden erreicht hatte, und sah den strangulierten Mann dort hängen. Unter seinen Füßen stand ein Stuhl. Sofort nahm ich ein Messer und schnitt das Seil durch. Zu meiner großen Überraschung war der Mann nicht tot. Er atmete, war bewusstlos, aber er lebte. Das kam mir wie ein Wunder vor, und es war das erste Mal, dass ich jemanden vom Strang abschnitt, der noch nicht tot war.

Dazu muss ich sagen, dass es in Mecklenburg eine Zeit gab, in der jeder Arzt, der ambulanten Bereitschaftsdienst versah, ein kräftiges Taschenmesser im Notkoffer hatte. Die Erfahrung hatte gezeigt, dass sich immer häufiger, zuletzt wohl jeden Monat, Menschen durch Strangulation das Leben nahmen. Im Wald, in der Scheune, auf Dachböden, in einer Kammer, im Keller, am Strandkorb, in Garagen fanden wir Menschen, die ihrem Leben mit einem einfachen Strick ein Ende setzten.

Und immer stand die Frage nach dem »Warum?« im Raum. In den seltensten Fällen war ein Abschiedsbrief vorhanden oder ein Motiv zu erkennen. Wir Ärzte hatten in jedem Fall die Pflicht, den Erhängten abzuschneiden, zu untersuchen und, wenn wir den Tod festgestellt hatten, diesen formell auf der vorgeschriebenen Todesbescheinigung zu attestieren. Bei der Frage, ob es sich um einen natürlichen oder unnatürlichen Tod handelte, musste das Kreuz selbstverständlich bei »unnatürlich« gemacht werden. Das hatte zur Folge, dass eine gerichtsmedizinische Obduktion angeordnet wurde.

An diesen Patienten, den ich nun gerade von seinem Strick befreit hatte, erinnere ich mich noch sehr genau. Er war etwa 40 Jahre alt und lebte getrennt von seiner Frau und seinen Töchtern. Er hatte wohl dem Alkohol in der letzten Zeit allzu reichlich zugesprochen, nahm aber seine Arbeit auf der Werft wahr und fuhr jeden Tag in aller Herrgottsfrühe mit dem Bus nach Wismar. Ich habe ihn oft in der

Zeit getroffen, als ich meine Ausbildungszeit in der dortigen Kinderklinik absolvierte und selbst öffentliche Verkehrsmittel benutzte.

Jetzt brachten wir ihn mit dem Krankenwagen in die Klinik. Im Krankenhaus Boltenhagen wurde er noch einmal gründlich untersucht. Nachdem er das Bewusstsein wiedererlangt hatte, befragten wir ihn ausführlich, um die auslösenden Faktoren für seine Kurzschlusshandlung zu erfahren. Er gab uns keine hinreichende Erklärung für seinen Selbstmordversuch. Offensichtlich hatte der Mann Glück gehabt, denn es ließen sich keine neurologischen Defizite nachweisen. Wahrscheinlich hatte er sehr lange auf dem Stuhl gestanden und sich nicht entschließen können, den letzten Schritt zum Suizid zu vollziehen.

Ein bestellter Psychiater beschäftigte sich lange und ausführlich mit dem Patienten, fand aber auch keinen Grund für den Entschluss zum Freitod. Der Mann klagte lediglich über unklare Schmerzen im ganzen Körper, für die wir aber keine medizinische Begründung finden konnten. Nach zwei Wochen konnten wir ihn in stabilem Zustand nach Hause entlassen und verloren ihn zunächst aus den Augen.

Ein halbes Jahr später kam er erneut zur stationären Aufnahme. Wir erkannten ihn kaum wieder. Abgemagert, die Wangen waren eingefallen, blass, mit schlaffer Körperhaltung sah er todkrank aus. Er konnte kaum noch gehen und jammerte, weil er unerträgliche Rückenschmerzen hatte. Eingehende Untersuchungen ergaben dann sehr bald, dass der arme Kerl voller Krebs steckte. Ein Wirbelkörper war durch den bösartigen Tumor bereits in sich zusammengebrochen. Es handelte sich um ein metastasierendes Knochen-Sarkom, das sich schon im ganzen Körper ausgebreitet hatte.

Wir gaben ihm Morphium, so viel er brauchte. Mehr konnten wir nicht für ihn tun. Ich stellte mir angesichts der Vorgeschichte allerdings die Frage, ob es nicht besser gewesen wäre, den Mann damals auf dem Dachboden an seinem Strick hängen gelassen zu haben. Aber ich weiß, dass es auf diese philosophische Frage keine befriedigende Antwort geben kann.

Später, nachdem ich mit meiner Familie auf der Flucht in den Westen verhaftet und in verschiedenen politischen Gefängnissen untergebracht worden war, begegnete mir während der Zeit, in der ich im großen Zuchthaus Bautzen für fast 5000 Strafgefangene der einzige Arzt war, immer wieder der Tod durch Strangulation.

Aus den unterschiedlichsten Gründen erhängten sich meist sehr junge Menschen an den merkwürdigsten Stellen. Sie benutzten dazu zerrissene Handtücher, Bettlaken, Gürtel oder dickes Paketband. Wenn man sie gefunden hatte, wurde ich gerufen. Sie hingen an vielgeschossigen Betten, an Rohrleitungen, an Toilettenkästen, elektrischen Leitungen oder irgendwelchen Mauervorsprüngen. Es hat kein Einziger überlebt. Selten war ein Abschiedsbrief vorhanden, der den Hintergrund zu erkennen gab. Es müssen wohl der unablässige gewaltige Druck der Gefängnisatmosphäre mit den unmenschlichen Arbeitsbedingungen, die Schikanen der Wärter und die Ausweglosigkeit gewesen sein, die den Entschluss zum Suizid reifen ließen. Da es sich in vielen Fällen um Homosexuelle handelte, die sich dort erhängt hatten, mögen auch deren Verzweiflung durch Anfeindung oder verschmähte Liebe die auslösenden Faktoren gewesen sein.

Nach solchen Erlebnissen, bei denen ich nichts anderes zu tun hatte, als den Tod festzustellen, war ich selbst tagelang deprimiert. Immer wieder ging ich der Frage nach, warum das geschehen musste, und niemals habe ich eine Antwort darauf gefunden.

Cocktail durch die Hose

Wieder einmal hatte ich Sonntagsdienst. Ein Notruf holte mich nach Redewisch-Ausbau, wo ein Mann offenbar alles in seiner Wohnung kurz und klein schlug und auch Frau und Kinder bedrohte.

Die Polizei war schon vor Ort, und auch aus der Nachbarschaft leisteten ein paar handfeste Männer erste Hilfe. Als ich ankam, war bereits von außen zu erkennen, dass man das Haus nicht so einfach betreten konnte. Zerschlagene Scheiben, weinende Kinder, krachende Türen – und über allem dröhnte die Stimme des durchgeknallten Hausherrn. Beim ersten Versuch, die Tür zu öffnen, flog uns ein Stuhl entgegen. Daraufhin beratschlagten wir, wie man am besten vorgehen sollte. Die beiden Polizisten und zwei weitere kräftige Dorfbewohner wollten sich gewaltsam Einlass verschaffen und den Tobenden festhalten. Danach sollte ich reingehen und dem Mann eine starke Beruhigungsspritze verabreichen, die ihn außer Gefecht setzen sollte.

»Na, ob das so klappen wird?«, fragte ich mich und wartete auf meinen Einsatz. Eine Spritze für die Injektion mit einem sogenannten »lytischen Cocktail« hatte ich schon vorbereitet. Begleitet von

Stimmengewirr, dem Bersten irgendwelcher Möbel und zu Bruch gehender Vasen und Teller stürmten die vier Männer das Haus. Drinnen wütete ein verwirrter Familienvater. Ein Gespräch ließ sich mit ihm nicht führen, und so blieb gar nichts anderes übrig, als gewaltsam gegen ihn vorzugehen. Beim Versuch, ihn festzuhalten, holte sich einer der Nachbarn eine blutige Nase. Einer der beiden Polizisten wurde in die Ecke gestoßen, während die beiden anderen Männer sich bemühten, den um sich schlagenden Randalierer zu bändigen und festzuhalten. Das war meine Chance. Ich stürzte mich von hinten kommend auf den Wüstling und stieß die lange Kanüle meiner Spritze durch die Hose in das Gesäß und drückte den Inhalt in die Muskulatur! Das war zwar nicht »lege artis«, aber es wurde der Situation gerecht, bei der man dem Motto »der Not gehorchen«, folgte. Gleichwohl dauerte es noch eine ganze Weile, bis die Wirkung der verabreichten Injektion einsetzte und die Polizei den Tobsüchtigen willenlos mitnehmen konnte. Über die besondere Art meiner intramuskulären Spritztechnik habe ich noch lange nachgedacht. Theoretisch hätte sich wegen der unsterilen Vorgehensweise ein Abszess entwickeln können, aber ich habe später von dem Patienten nichts dergleichen gehört.

3 ARZT IM WESTEN

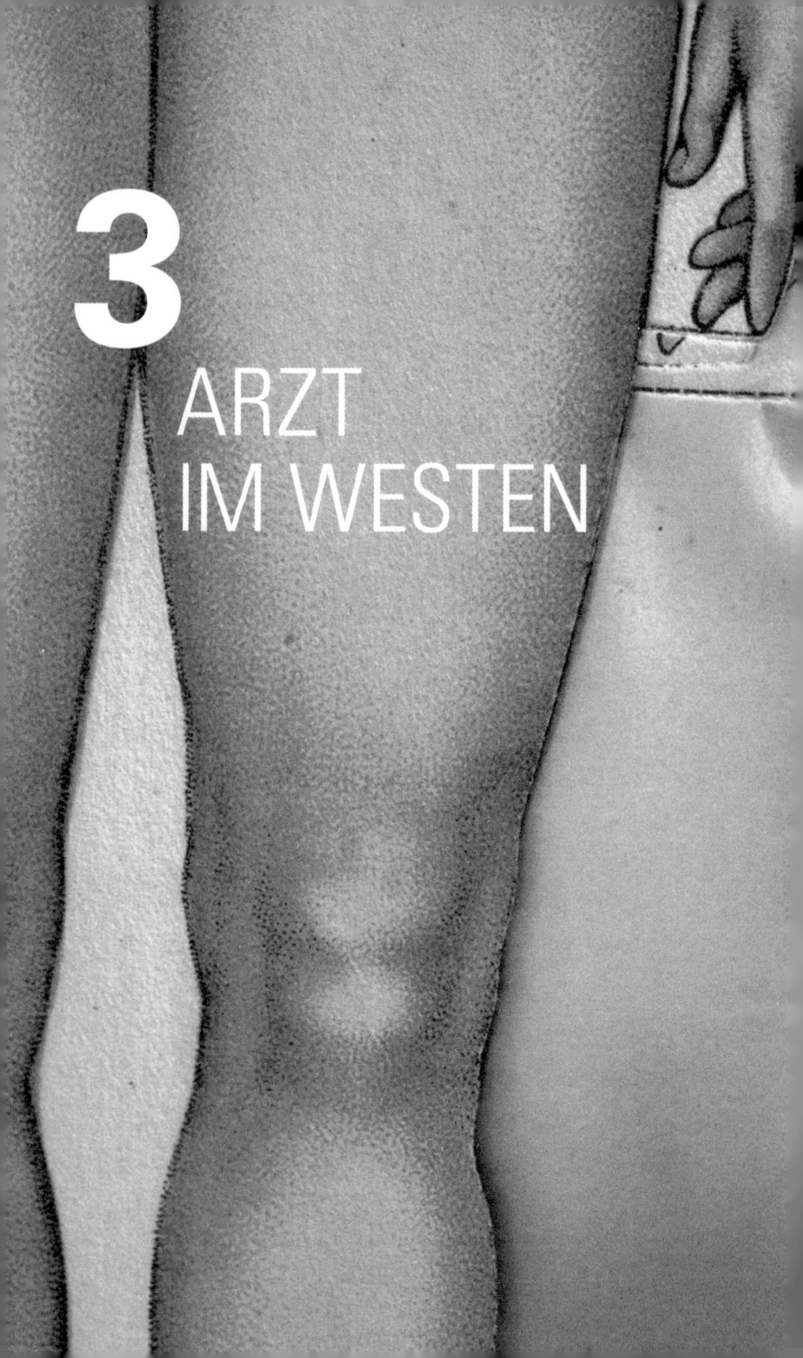

Neuanfang in Lübeck

Endlich: 1977 war ich mit meiner Familie im Westen angekommen. Es war ein langer Weg! Politische Drangsalierungen, Drohungen gegen mich und meine Familie und ein perfides Bespitzelungssystem durch die Staatssicherheitsorgane der DDR während meiner Tätigkeit als Leitender Arzt in Boltenhagen hatten mir so zugesetzt, dass ich zusammen mit meiner Frau den Entschluss zur Flucht in die Bundesrepublik Deutschland gefasst hatte. Das aber war leichter beschlossen als getan. Fünf Mal versuchten wir zu fliehen. Doch auch der fünfte Versuch, die Schleuser zu treffen, die uns aus dem Land herausbringen sollten, scheiterte. Meine Frau und ich wurden zu hohen Haftstrafen verurteilt und eingesperrt. Die Leidensjahre in den verschiedenen Haftanstalten, die Demütigungen und die letztlich erfolglosen Versuche, uns seelisch in die Knie zu zwingen, habe ich in meinem Buch »Mein erstes Leben oder Sehnsucht nach Freiheit« beschrieben.

Nach der Entlassung aus den politischen Gefängnissen der DDR ließen wir uns in Lübeck nieder. Hier lebten mein Vater und mein Bruder mit ihren Familien, und so war die Eingewöhnung in die neuen Lebensumstände nicht ganz so schwer.

Es gelang mir, zunächst einige Monate in einem großen städtischen Krankenhaus auf einer internmedizinischen Station zu arbeiten. Die Kollegen dort waren äußerst hilfsbereit und bemühten sich, mir all das beizubringen und zu zeigen, was medizinische Abläufe im Westen von solchen in der DDR unterschied. Das waren nicht die Krankheiten, bei weitem nicht! Krankheiten sind international. Nein, es war der Umgang mit ihnen. Zum Beispiel die für mich neuen Krankenkassensysteme – oder die neuen Medikamente, die therapeutisch eingesetzt wurden.

Bei vielen Zusammenkünften und Gesprächen wollten die neuen Kollegen natürlich von mir auch Einzelheiten über das DDR-Gesundheitswesen und meine Haftzeit erfahren. Denn davon hatten sie wirklich keine Vorstellung. Als ich ihnen bei einem gemeinsamen Frühstück einmal erzählte, wie brutal und rücksichtslos die kriminellen Strafgefangenen mit den politischen Gefangenen umgegangen sind, kamen erste Zweifel an meiner Glaubwürdigkeit auf. Als ich dann noch erzählte, dass ich, um mich vor Übergriffen persönlich zu schützen bewusst Stärke gezeigt habe, indem ich auf dem einzigen Tisch in der 16 m^2 großen Zelle, in der zwölf Gefangene untergebracht waren, demonstrativ, für alle sichtbar, ohne Unterbrechung 150 Liegestütze gedrückt habe, hielten mich wohl die meisten für einen Spinner. Als dann einer aus der Runde behauptete, das könnte ich niemals geschafft haben, zog ich spontan meinen weißen Kittel aus, krempelte die Ärmel hoch und zeigte ihnen ohne übermäßige Anstrengung 150 Liegestütze auf dem Fußboden in einem Stück! Damit war meine Integrität wieder hergestellt, und niemand bezweifelte mehr den Wahrheitsgehalt meiner Erlebnisberichte aus den verschiedenen Zuchthäusern der DDR.

Terroristen im Knast

Ein halbes Jahr später bot sich mir die Gelegenheit, mich als selbstständiger, frei praktizierender Arzt in Lübeck niederzulassen. Ich übernahm die Arztpraxis von einem älteren Kollegen und wurde Hausarzt in meiner neuen Wahlheimatstadt. Es schien so, als sei ich am Ziel meiner Träume angelangt. Doch niemand hatte eine Vorstellung davon, welche Ängste in mir steckten! Schließlich hatte ich zwei Jahre weit ab von moderner Medizin und Technik in politischen Zuchthäusern verbracht und zuletzt im berüchtigten Bautzen für mehrere tausend Strafgefangene unter menschenunwürdigen Bedingungen als Arzt gearbeitet. Fachliche Weiterbildung gab es dort nicht. Wie sollte ich nun in dieser »Hightech-Gesellschaft« mit der Konkurrenz Schritt halten? Wie konnte ich die Defizite ausgleichen, die ich, der ich keine Ahnung von Abrechnungstechniken und westlichen Krankenkassensystemen hatte, zwangsläufig mitbrachte?

Da stand ich nun ab acht Uhr morgens in meiner Praxis und lugte gespannt hinter den Vorhängen auf die Straße, um zu sehen, ob sich ein Patient zu mir verirren würde. Ab und zu kam dann tatsächlich der eine oder andere Patient meines Vorgängers, um mich »auszuprobieren«, aber befriedigen konnte mich diese Situation zunächst nicht.

Am dritten Tag meiner beruflichen Selbständigkeit klingelte das Telefon. An der anderen Seite der Leitung war ein sehr netter Kollege aus der unmittelbaren Nachbarschaft, bei dem ich mich wenige Tage zuvor als Nachfolger des ausscheidenden älteren Kollegen persönlich vorgestellt hatte. Er sei krank und müsse für unbestimmte Zeit in ein Krankenhaus, berichtete mein Gesprächspartner. Aus diesem Grund könne er seine Tätigkeit als Anstaltsarzt im großen Lübecker Gefängnis »Lauerhof« nicht weiter ausüben. Er bot mir an, dort sein Nachfolger zu werden. »Immerhin haben Sie dort ein regelmäßiges Einkommen neben den spärlichen Umsätzen, die Sie am Anfang in Ihrer eigenen Praxis machen«, sagte er zu mir. Ich erbat mir eine kurze Bedenkzeit und verabredete mich am nächsten Tag mit ihm. Nachdem wir so etwas wie einen kleinen Familienrat abgehalten hatten, war ich bereit, diese zusätzliche Tätigkeit anzunehmen und besprach das am Folgetag mit dem Kollegen.

Mir war nicht ganz wohl in meiner Haut. Da war ich dem einen großen Knast gerade entkommen, hatte Bautzen hinter mir gelassen und versuchte diese Zeit langsam aus meinem Gedächtnis auszublenden, und nun wartete der nächste Einsatz im Gefängnis auf mich. Allerdings saß ich jetzt auf der anderen Seite der Macht, also nicht als Gefangener unter Sträflingen, sondern als externer Zivilarzt, der für die medizinischen Belange der Untersuchungshäftlinge und der einsitzenden Gefangenen zuständig war. Alles wurde mit dem sehr kooperativen Anstaltsleiter besprochen, und dann ging es los.

Jeden Morgen um sechs Uhr war ich im Gefängnis und machte die anfallenden Routinearbeiten. Die Tätigkeit wurde anständig honoriert und hat mir – zumindest in finanzieller Hinsicht – zunächst sehr geholfen. Wenn ich dort fertig und durch das Gefängnistor nach draußen gelangt war, fühlte ich mich wie befreit und eilte in meine eigene Praxis, um dort den langsam zunehmenden Arbeitsanfall zu bewältigen.

Diese Phase meiner Arbeit in »Lauerhof« fiel in die Zeit, als dort in einem speziell hergerichteten Trakt Terroristinnen untergebracht waren. Von ihnen kamen die absurdesten Forderungen. Als ich einmal zu einer dort einsitzenden Gefangenen gerufen wurde, weil sie sich nach einem Hungerstreik krank und erschöpft fühlte, schlug ich vor, durch einige Blutuntersuchungen zu klären, welche Defizite behandlungsbedürftig seien, ob beispielsweise ein Eisenmangel bestünde oder das Eiweißbild gestört sei. Sie müsse sich erst mit ihren Mithäftlingen darüber beraten, ob sie dieser Blutentnahme durch mich zustimmen könne, ließ sie mir mitteilen. Am nächsten Tag betrat ich gespannt meinen frühen Arbeitsplatz und begab mich, ausgestattet mit dem Equipment zur Blutentnahme, gleich zu den Terroristinnen. Dabei übersah ich in meinem Eifer eine eigens zur Sicherung dieser Spezialabteilung angebrachte Alarmeinrichtung. Es ertönte ein schrilles Signal im gesamten Anstaltsbereich. Ich hatte den

»Terroristenalarm« ausgelöst. Sofort war das ganze Gefängnis in heller Aufregung, bis ICH als harmlose Erklärung für den Zwischenfall entlarvt war. Als ich bei meiner Patientin vorsprach, um die Venenblutuntersuchung vorzunehmen, teilte sie mir mit: »Ich stimme einer Blutentnahme nicht zu.« Auf meine Rückfrage, was diesen Entschluss bewirkt habe, entgegnete sie mir: »Sie werden mein Blut zum Bundeskriminalamt nach Wiesbaden schicken, um es dort weiteren Analysen unterziehen zu lassen, und dem kann ich nicht zustimmen.«

Ich konnte mich jetzt eines Schmunzelns nicht erwehren und muss ziemlich ratlos und verdutzt dreingeschaut haben. Bis zu diesem Zeitpunkt hatte ich immer noch geglaubt, die Klientel der Terroristen verfüge über einen überdurchschnittlichen Intelligenzquotienten. Mit diesem Vorurteil habe ich sofort gebrochen. So einen Blödsinn hatte ich wirklich selten gehört. Aber, dachte ich, des Menschen Wille ist sein Himmelreich, und verabschiedete mich mit dem Hinweis: »Wenn Sie es sich doch noch anders überlegen, lassen Sie es mich wissen. Aufgeschoben ist nicht aufgehoben!« Damit war ich aus der Verantwortung raus.

Aber die Terroristen beschäftigten mich noch ein weiteres Mal. Nachdem Hungerstreiks unter den

Häftlingen als erpresserische Methode zugenommen hatten, fragte mich die Anstaltsleitung, ob ich bereit sei, Zwangsernährungen bei den Gefangenen vorzunehmen. »Dazu bin ich unter keinen Umständen bereit«, war meine unmissverständliche Antwort, und ich fügte hinzu: »Wer für sich entscheidet, keine Nahrung mehr zu sich nehmen zu wollen, tut das freiwillig und im Vollbesitz seiner geistigen Kräfte. Dem werde ich keine Gewalt entgegensetzen. Das ist mit mir und meinen Vorstellungen von ärztlicher Ethik und Moral nicht zu machen.« Nachdem die Gefängnisleitung meine Einstellung in dieser Angelegenheit zur Kenntnis genommen hatte, waren meine Tage als Anstaltsarzt gezählt. Das Arbeitsverhältnis wurde im gegenseitigen Einvernehmen gelöst, und ein neuer Kollege, der mit weniger Gewissenskonflikten zu kämpfen hatte als ich, trat an meine Stelle. Es war auch genau der richtige Zeitpunkt, denn meine eigene Praxis hatte enorm an Umfang zugenommen und füllte mich total aus.

Ohnmacht nicht eingeplant

Einer meiner ersten Freunde, die ich im Westen neu gewonnen hatte, suchte mich in meiner Praxis auf, weil er seit einigen Tagen zunehmende Schmerzen in der Großzehe beklagte und mittlerweile schon keinen festen Schuh mehr anziehen konnte. Ich sah mir den Fuß an und sagte zu ihm: »Da gibt es leider keine Alternative. Du hast eine fortgeschrittene Vereiterung des Nagelbettes. Der Zehnagel muss ab.«

»Das geht nicht, das kommt gar nicht in Frage«, antwortete er, und es entspann sich ein Dialog, in dem ich ihm klar machen konnte, dass es sich um keinen komplizierten Eingriff handele, dass diese Extraktion aber bald durchgeführt werden müsse. »Sonst kann die Entzündung den Knochen erreichen, und dann wird aus dieser kleinen Sache eine richtige Operation, bei der letztlich der gesamte Zeh in Gefahr ist«, eröffnete ich ihm und konnte ihn damit überzeugen.

»Wann soll das geschehen?«, fragte er mich. »Am besten gleich«, erwiderte ich. »Darauf bin jetzt aber gar nicht vorbereitet«, warf er ein und wollte genau wissen, was denn da gemacht wird. »Als erstes wird der Zeh betäubt. Das geschieht mit einer Injektion eines Lokalanästhetikums und ist das Einzige, was ein bisschen weh tut. Danach, wenn der Zeh schläft, ziehe ich den vereiterten Nagel mit einer geeigneten Klemme herunter, reinige und desinfiziere die Wunde und verbinde das Ganze. Danach ist schon alles vorbei«, erklärte ich ihm. Ich spürte, dass mein Freund nicht nur Respekt, sondern eine Höllenangst hatte. Ich kannte ihn noch nicht lange genug, sonst hätte ich gewusst, dass er Krankenhausbesuche vermeidet, weil er angesichts der speziellen Gerüche, die solche Einrichtungen nun einmal verströmen, zu kollabieren droht. Er legte sich auf meine Praxisliege und beobachtete jeden meiner Handgriffe ganz genau. Doch als ich meine Vorbereitungen abgeschlossen hatte und mit der Spritze an ihn herantrat, verdrehte er die Augen und verfiel in tiefe Bewusstlosigkeit.

»Was mache ich jetzt am besten«, dachte ich und entschied mich, schnell zu handeln. Ein kräftiger Puls und normaler Blutdruck signalisierten mir freie Bahn. So griff ich kurz entschlossen zur bereit liegenden Zange und riss den Nagel ab, ohne erst die jetzt überflüssig erscheinende Injektion des Betäubungsmittels vorzunehmen und deren Wirkungseintritt abzuwarten. Der Zeh war schnell verbunden, und es dauerte auch nicht mehr lange, bis mein Freund aus seinem Schlaf erwachte. »Wo bin ich? Was ist mit meinem Fuß?«, stammelte er und suchte die Orientierung. Schnell hatte er die Gewalt über sich wiedergefunden und wollte nicht glauben, dass schon alles vorbei war. Natürlich tat die Wunde etwas weh. Dagegen bekam er ein Schmerzmittel. Danach fuhr ich ihn nach Hause, und einige Tage später war alles vergessen.

An der Behandlung solcher Krankheiten hat sich in all den Jahren nichts geändert. Die »kleine Chirurgie« ist das tägliche Brot des praktisch tätigen Arztes. Um sie anzuwenden, bedarf es keiner großartigen technischen Ausstattung. Deshalb konnte ich auf diesem Gebiet auch nahtlos an meine Kenntnisse aus der Zeit in der DDR anknüpfen. Ganz anders sah es da schon bei der Diagnostik innerer Krankheiten aus. Wenn ich bedenke, dass wir im Osten Deutschlands für eine stationäre internmedizinische Abteilung mit dazugehöriger großer Poliklinik nur ein einziges, uraltes EKG-Gerät der Firma Siemens besaßen, das längst hätte ausgemustert werden müssen, wird mir die vorsintflutliche apparative Ausstattung bewusst. Ultraschallgeräte und Computertomographen hatten wir noch nie gesehen. Zwangsläufig aber war unsere Sinneswahrnehmung geschult. Wir benutzten noch ein Stethoskop, um Herz und Lunge abzuhören und verzichteten auf Routine-Röntgenuntersuchungen. Wir waren mangels technischer Hilfsmittel noch in der Lage, mit unseren Händen beim Abtasten eines

Bauches krankhafte Veränderungen wahrzunehmen. Das alles hat sich aus meiner Sicht in der westlichen Welt sehr gewandelt. Kaum ein Patient wird heute noch mit den Händen untersucht. Die vielen orthopädischen Funktionstests werden heute meistens durch teure bildgebende Verfahren ersetzt. Das ist ein Fluch dieser Zeit, der aber nicht aufzuhalten ist, denn in unserem westlichen Gesundheitssystem wird nicht die klinische Untersuchungsleistung, sondern der technische Aufwand honoriert! Ob das allerdings für den Patienten immer von Vorteil ist, möchte ich bezweifeln.

Ein Pferd als Pförtner

Arztpraxen und Gerichte haben etwas gemeinsam: Man kann dort kuriose Dinge erleben. So fiel mir an eines Tages auf, dass gähnende Leere in allen meinen Räumen herrschte. Und das, obwohl Montag war! Ein Tag, an dem die Praxis normalerweise brummte. Ich fragte eine meiner Arzthelferinnen, ob sie eine Erklärung dafür habe, warum an diesem Tag niemand etwas von uns wissen wolle und warum Patienten, die einen festen Termin vereinbart hatten, nicht erschienen waren. Sie wusste es auch nicht. Es war noch eine Patientin im Wartezimmer, danach waren wir fertig. Die junge Dame wurde behandelt, und als ich sie zur Tür brachte und mich gerade von ihr verabschieden wollte, nahm ich vor dem Haus eine Menschenansammlung wahr. »Was ist denn hier los...?«, war das Einzige, was ich herausbrachte.

»Das ist mein Pferd!«, sagte meine Patientin bei der Verabschiedung zu mir. »Ich bin auf ihm hergeritten und werde jetzt auch gemeinsam mit ihm den Rückweg antreten.« Die junge Frau hatte ihren Gaul an einen der beiden steinernen Pfeiler gebunden, die das Eingangsportal zum Haus der Praxis ausmachten. Aber weil das Tier sich quer gestellt hatte, kam niemand mehr zu uns herein. Die Patienten hatten geduldig auf der Straße ausgeharrt und stürmten nun unsere Räume. Wir traten also zur zweiten Schicht an und mussten die Mittagszeit verschieben.

Mit 97 geht noch manches

Ein Freund, der schon vor sehr vielen Jahren seinen Lebensmittelpunkt nach Italien verlegt hatte, rief mich an und bat mich um Hilfe. »Man will meiner 96-jährigen Mutter das Bein amputieren«, sagte er aufgeregt am Telefon. »Jetzt hat sie sich gegen den Rat der Ärzte aus dem Krankenhaus nach Hause begeben und will dort sterben«, fügte er hinzu und bat mich: »Kannst du dir das Bein nicht einmal ansehen und mir dann raten, in welche Richtung ich meine Mutter beeinflussen soll, damit sie keine falsche Entscheidung trifft?« Ich versprach ihm, seine Mutter zu Hause zu besuchen und ihn dann wieder anzurufen. Die alte Dame lebte in Lübeck alleine in ihrer eigenen Wohnung, unterstützt von einer zuverlässigen Haushälterin. Die Ärzte im Krankenhaus wollten ihren Unterschenkel amputieren, weil eine lange währende schwere Entzündung bei arterieller Durchblutungsstörung nicht abheilen wollte, im Gegenteil, sich immer mehr ausbreitete. Es drohe die Gefahr einer Sepsis, wenn nicht operiert würde, hieß es.

Nachdem ich mich telefonisch angemeldet und davon überzeugt hatte, dass sie wieder zu Hause war, verabredete ich einen Termin für meinen Besuch. Die 96-Jährige war überhaupt nicht das, was man sich unter einer Person dieses biblischen Alters vorstellt. Im Kopf war sie hellwach, an vielen Dingen, auch an aktuellen politischen Themen, sehr interessiert, allseitig gebildet, belesen und im Gesicht geprägt vom Ausdruck eines bewegten Lebens. Bis vor einem halben Jahr war sie noch wieselflink auf den Beinen unterwegs gewesen! Kurzum, es handelte sich um eine außergewöhnliche Frau.

Als ich ihr Zimmer betrat, begegnete mir allerdings eine niedergeschlagene, traurig-depressiv wirkende Person. »Das Bein wollten die im Krankenhaus mir abschneiden! Das bedeutet doch, dass ich nie wieder laufen kann. Dann will ich nicht mehr leben«, waren ihre ersten Sätze nach der Begrüßung. Wir sprachen eine Weile über die Familie, das Krankenhaus und die Vergangenheit, bis ich mich zu fragen traute, ob ich mir das kranke Bein einmal anschauen dürfte. Ich durfte. Was ich dann zu sehen bekam, übertraf allerdings alle meine Befürchtungen. Der Unterschenkel war stark angeschwollen und tiefrot verfärbt. In seiner Mitte und in Knöchelhöhe quoll Eiter aus tiefen Löchern hervor. Der Fuß hatte seine Konturen verloren, wobei der Vorfuß zur Großzehe schwarz war. Durch die entzündlichen, schmierigen Beläge stank das Bein entsetzlich. Ich war erschüttert. Für mich war nachvollziehbar, dass sich die Kollegen im Krankenhaus von dem Gedanken verabschiedet hatten, dieses Bein heilen zu können.

Ganz vorsichtig versuchte ich noch einmal die

Frage einer rechtzeitigen Amputation zu besprechen, bevor eine Sepsis, eine Überschwemmung der Blutbahn mit Bakterien, lebensgefährliche Auswirkungen haben könnte. »Ohne mein Bein will ich sowieso nicht mehr leben«, war ihre unmissverständliche Antwort. »Wenn ich das Bein zu Hause zu behandeln versuche, tragen Sie dafür die ganze Verantwortung. Ich mache das auch nur, wenn Sie dies auch Ihren Kindern gegenüber eindeutig bekunden«, eröffnete ich ihr daraufhin. »Das würden Sie wirklich machen? Sie werden mich zu Hause behandeln?« Bei diesen Worten liefen ihr vor Rührung Tränen die Wangen herunter. Da hatte ich mich auf ein medizinisches Abenteuer eingelassen. Ich bemühte mich, mir in meinem Kopf ein Konzept zurechtzulegen. Wie sollte ich vorgehen? Zum einen war das kranke Bein von einer schweren, bakteriellen Infektion, einem Erysipel, befallen. Andererseits musste ich klären, wie es um die Durchblutung beschaffen war, denn immerhin konnte ich die Fußpulse noch deutlich wahrnehmen, und die Blutzirkulation negativ beeinflussende Faktoren wie Diabetes, Hochdruck und übermäßig hoher Blutfettgehalt waren nicht vorhanden. Außerdem hatte die Patientin niemals geraucht. Ich versprach, das Bein täglich selbst neu zu verbinden. Mir war damals noch nicht ganz klar, worauf ich mich eingelassen hatte.

Am folgenden Tag erschien ich erneut, dieses Mal mit einem genauen Behandlungsplan. Zunächst verabreichte ich zur Bekämpfung der Entzündung ein Antibiotikum. Dann prüfte ich die Durchblutungsverhältnisse in den Beinen mit einem Dopplergerät, das ist ein Ultraschallgerät mit speziellen Sonden, und stellte fest, dass diese ganz vorzüglich waren. Ich konnte keinen Druckabfall in den Bein- und Fußarterien nachweisen! Für die lokale Behandlung der eiternden und entzündeten Hautareale wollte ich eine kolloidale Silberlösung benutzen, mit der ich bei sehr hartnäckigen Hautentzündungen sehr gute Erfahrungen gemacht hatte. So fuhr ich über viele Monate jeden Abend, wirklich jeden Abend, zu meiner Patientin und behandelte das Bein. Egal, ob Weihnachten oder Ostern, ich war täglich bei ihr, insgesamt 217 Mal! Zwischendurch musste ich das Antibiotikum wechseln, weil eine Unverträglichkeitsreaktion aufgetreten war, aber im Prinzip hatte ich an meinem frühen Behandlungskonzept festgehalten.

Der Erfolg zeigte sich bald. Zuerst schlossen sich die eiternden Löcher am Unterschenkel, und die Farbe der Haut besserte sich. Am kompliziertesten gestaltete sich der Vorfuß. Nach einem halben Jahr demarkierte der schwarze, große Zeh. Er war von Anfang nekrotisch gewesen, das heißt, der Körper hatte ihn abgestoßen. Jetzt war er ganz locker und wackelte im Grundgelenk, als wolle er abfallen. Ich rief in der Klinik an und vereinbarte einen Termin ausschließlich zur Entfernung dieser Zehe. Dort zeigte man sich sehr kooperativ, und meine Patientin war für einen Tag im Krankenhaus, länger nicht. Danach verfuhr ich in der bewährten Weise und konnte zusehen, wie der restliche Teil des Fußes vollends abheilte.

Dann kam der Tag, an dem die inzwischen 97-jährige Dame das erste Mal wieder einen Schuh anziehen konnte und ihre ersten Gehversuche machte. Es war ein beglückender Augenblick! Die Mühe hatte sich gelohnt. Die liebenswerte alte Frau strahlte wie ein Kind bei der Bescherung am heiligen Abend unter dem Christbaum. Sie war einfach nur glücklich, dass sie wieder laufen konnte. Nachdem mein Auftrag erfüllt war – ich hatte im Laufe der Behandlungszeit mehr als 2000 Hausbesuchskilometer in dieser Angelegenheit zurückgelegt – kam der Zeitpunkt des Abschieds. Ein zufriedener Arzt verabschiedete sich von einer dankbaren, strahlenden, glücklichen Patientin.

Es vergingen etliche Monate. Inzwischen war mein erstes Buch erschienen, meine persönlichen Erinnerungen an mein Leben in der DDR, die Auseinandersetzung mit der Staatssicherheit, unsere Flucht und die Zeit in sozialistischen Zuchthäusern. Ich war gebeten worden, in einer großen Lübecker Buchhandlung an einem Samstagvormittag Bücher zu signieren, als ich eine Riesenüberraschung erlebte. Vor dem Tisch, an dem ich saß und meinen Namen und kleine Grußworte in meine Bücher schrieb, standen Menschenschlangen. Plötzlich entdeckte ich in der langen Reihe vor mir meine alte Patientin. Sie stand in Begleitung ihrer bewährten Haushälterin auf zwei Beinen vor mir und strahlte mich an. Diese dankbaren Augen werde ich niemals vergessen!

Verstauchung als Lebensretter

Krankheiten sind im Osten und im Westen, auf allen Kontinenten dieser Welt gleich. Ob sie in Afrika, Asien, Europa, Amerika oder in Australien auftreten. Nur die Möglichkeiten, ihnen zu begegnen, unterscheiden sich. So sind die Lebensumstände, unter denen sich Menschen mit einer schweren

Krankheit auseinandersetzen müssen, oft entscheidend für das Ergebnis, das am Ende eines solchen Kampfes steht. Da spielen auch Zufälle manchmal eine wichtige Rolle.

An einem ganz normalen Sprechstundenalltag meldete sich ein Patient zur Behandlung an, nachdem er mit dem Fuß umgeknickt war und sich eine Verstauchung des Sprunggelenkes zugezogen hatte. Er musste etwas warten und hatte im Wartezimmerflur Platz genommen. Dort saß er alleine. Plötzlich hörte eine meiner Helferinnen vom Nebenraum ein dumpfes Plumpsen. Als sie um die Ecke sah, lag der Patient leblos auf dem Boden. Sofort rief sie meine Kollegin und mich – ich hatte inzwischen meine Einzelpraxis in eine Gemeinschaftspraxis umgewandelt. Gemeinsam bugsierten wir den Mann in unseren Funktionsraum, wo wir ihn auf der Liege richtig lagerten. Das EKG zeigte Kammerflimmern, und der Patient atmete nicht selbstständig. Wir beauftragten eine unserer Helferinnen, die dringliche Medizinische Hilfe zu verständigen, und begannen mit der sofortigen Reanimation. 30 Mal extrathorakale Herzmassage, dann zwei bis drei Atemspenden per Mund-zu-Mund-Beatmung, und das im fortlaufenden Wechsel. Zwischendurch versuchten wir mit einem Defibrillator das Kammerflimmern zu beseitigen und einen normalen Herzrhythmus herzustellen, doch vergebens. Nach 22 Minuten kamen die Kollegen vom fahrenden Notdienst und übernahmen unseren Patienten. Sie waren noch mit einem anderen Notfall beschäftigt gewesen, deshalb hatte es so lange gedauert, bis sie zu uns kommen konnten. Sie führten die Wiederbelebungsmaßnahmen fort und organisieren den Transport in die Universitätsklinik. Als sie abgefahren waren, diskutierten wir noch lange über Sinn und Unsinn solcher Maßnahmen. »Ich kann mir nicht vorstellen, dass der Mann ohne bleibende Schäden im Gehirn davonkommt, sollte er das überhaupt überleben«, gab ich zu bedenken und fügte hinzu: »Solange kann ein Hirn nicht ohne Sauerstoff auskommen, und ich glaube kaum, dass unsere äußeren Maßnahmen ausreichten, den Minimalbedarf zu decken. Das Zeitfenster war einfach zu groß!«

»Egal«, sagte meine Kollegin, »wir haben getan, was man tun musste, mehr war hier nicht möglich.« Damit hatte sie recht. Danach gingen wir wieder zur Tagesordnung über und widmeten uns den anderen Patienten, die lange ausharren mussten, weil der Zwischenfall doch viel Zeit in Anspruch genommen hatte.

Wir erkundigten uns regelmäßig nach dem Befinden unseres Sorgenkindes und waren froh und erstaunt zu hören, dass es ihm gut ging. Man hatte ihm in der Kardiologischen Klinik der Universität einen kleinen Defibrillator eingesetzt, der immer dann seine Tätigkeit aufnimmt, wenn sich die Rhythmusstörung erneut einstellt. Im übrigen hatten neurologische Untersuchungen ergeben, dass keine Schädigungen des Gehirns durch eine längere Unterbrechung der Sauerstoffversorgung eingetreten waren. Diese Information machte uns glücklich und war ein gutes Beispiel dafür, wie wichtig eine rechtzeitige und fachgerechte Reanimation ist. Sie kann, wie in unserem Fall, lebensrettend sein. Wir nutzten diese Gelegenheit, um mit unseren Mitarbeitern noch einmal die notwendige und richtige Vorgehensweise bei der Ersten Hilfe am Unfallort zu besprechen und zu üben. Entscheidend ist, dass keine unnütze Zeit verstreicht, bis die Hilfsmaßnahmen beginnen, dass aber der richtigen Lagerung des Bewusstlosen genügend Aufmerksamkeit geschenkt wird und die Herzmassage mit ausreichendem Druck, aber nicht zu viel Kraft ausgeführt wird. Sonst sind Rippen- und Brustbeinfrakturen unausweichliche Folgen. Auf jeden Fall war dieses Ereignis in unserer Praxis für alle Beteiligten eine lehrreiche Erfahrung. Im übrigen hatte die Verstauchung des Sprunggelenks dem Patienten wohl das Leben gerettet. Wäre die plötzliche Rhythmusstörung mit Kollaps und Atemstillstand im Kino, beim Bäcker oder an anderer Stelle eingetreten, hätten entsprechende lebensrettende Maßnahmen sicher nicht in der Kürze der Zeit zur Verfügung gestanden.

Liebeserklärung im Fahrstuhl

Krankenbesuche am Ende eines langen Sprechstundentages sind besonders anstrengend und kräftezehrend. Ich erinnere mich gut an ein 17-jähriges Mädchen, das mit seiner Familie bereits von meinem Vorgänger hausärztlich betreut worden war und ganz in der Nähe meiner Praxis wohnte. Die Eltern hatten sich scheiden lassen, worauf die Mutter mit ihren beiden Töchtern eine preisgünstigere Wohnung in einem Hochhaus in einem Vorortviertel beziehen musste. Als die Mutter mich eines Abends anrief und um einen Krankenbesuch bat, wollte ich eigentlich ablehnen, dorthin zu fahren. Denn es bedeutete im Feierabendverkehr mindestens eine Stunde Fahrzeit. Aber als ich hörte, dass das Mädchen fast 41 Grad C Fieber hatte und die Familie in der neuen Wohngegend noch keinen Arzt konsultiert hatte, konnte ich mich der Verantwortung nicht entziehen. Ich wusste ungefähr, wo das Hochhaus stand. Es lag in einem sozialen Brennpunkt.

Die Straßen waren dunkel und nass, und es gab noch keine Navigationsgeräte. Trotzdem fand ich die Adresse ohne große Mühe. Nachdem ich einen geeigneten Parkplatz gefunden hatte, betrat ich das Haus und wartete mit einem Dutzend anderer Menschen im Flur auf den Fahrstuhl. Ich musste in die neunte Etage fahren. Endlich kam der Aufzug. Alle Wartenden drängten hinein. Die meisten von ihnen sahen müde und abgespannt aus. Sie hatten offensichtlich einen anstrengenden Arbeitstag hinter sich. Dann ging die Fahrt nach oben. Doch was war das?! Ich traute meinen Augen nicht. Durch meinen Körper schoss ein siedend heißer Strom, so sehr hatte ich mich erschreckt. Ich war völlig perplex, stand wie angewurzelt mit halboffenem Mund da und meinte, alle anderen Leute im Fahrstuhl müssten gemerkt haben, dass mit mir etwas nicht stimmte. Ich sah wie gebannt auf die Fahrstuhlwand mir gegenüber und konnte den Blick nicht von ihr lassen. Ich war der felsenfesten Überzeugung, jeder der Mitfahrenden müsse genau gemerkt haben, dass ich es war, der an der dreckigen, beschmierten Wand angehimmelt wurde. Da stand in großen, schwarzen Lettern für alle gut lesbar: ICH LIEBE HERR MALZAHN. Natürlich stand das dort schon wochenlang, und die anderen Bewohner des Hauses nahmen die Schriftzüge gar nicht mehr wahr. Doch ich als Betroffener kam mir vor wie an den Pranger gestellt. Die Fahrt dauerte eine Ewigkeit. Ständig hielt der Aufzug an, weil jemand aussteigen wollte. Dann endlich waren wir im neunten Stockwerk angekommen. Ich verließ fluchtartig die Kabine und begab mich zu meiner Patientin. Über mein Schockerlebnis verlor ich kein Wort. Ich untersuchte das Mädchen, traf meine Verordnung und trat den Heimweg an. Allerdings ging ich die neun Stockwerke mit meinem Arztkoffer zu Fuß nach unten. Ich wollte mich nicht noch einmal dieser Schrecksekunde aussetzen. Das Hochhaus habe ich nie wieder betreten.

Sport kann Mord sein

So wie es Phasen gab, in denen der Tennissport boomte, oder solche, bei denen an jeder Straßenecke Hula-Hoop-Reifen um die schlanksten und dicksten Taillen und Hüften rotierten, so war es in den achtziger Jahren der Squash-Sport, der in allen größeren Städten die Menschen anlockte. Squashcenter schossen wie Pilze aus der Erde. Mit drei Freunden zusammen trainierte ich mindestens einmal in der Woche, und es dauerte nicht lange, bis wir uns zu einer Mannschaft zusammengeschlossen hatten und an Ligaspielen teilnahmen. Bei einem solchem Wettspiel widerfuhr mir ein Missgeschick. Im Eifer des Gefechts zog ich bei einem Schlag mit der Vorhand den Squashschläger zu weit vor dem Körper durch und traf meinen Gegner an der Schläfe. Dieser ging sofort zu Boden, war zunächst bewusstlos und blutete aus einer etwa sechs Zentimeter langen Kopfplatzwunde. Das Gute war, dass ich, obwohl ich nach Punkten hinten gelegen hatte, den Kampf und somit den Punkt für unsere Mannschaft gewonnen hatte. Ich wurde vom Schiedsrichter zum Sieger durch Abbruch erklärt, ähnlich dem RSC beim Boxen.

Das weniger Erfreuliche dieser Angelegenheit war natürlich die große Wunde, die ich meinem Kontrahenten beigebracht hatte. Nachdem ich seinen Kopf notdürftig mit den vorhandenen Bordmitteln aus der Hausapotheke des Sportvereins verbunden hatte, fuhr ich zusammen mit dem Verletzten in meine Arztpraxis. Dort flickte ich die Kopfschwarte mit acht Nähten, verband sie ordnungsgemäß und stellte eine Arbeitsunfähigkeitsbescheinigung aus. Unabhängig davon meldete ich den Vorfall meiner privaten Haftpflichtversicherung. Sie zahlte etwa 1500 DM für den Schaden. Damit waren letztlich alle Beteiligten zufrieden, und ich brauchte kein schlechtes Gewissen zu haben, wenn ich meinem Sportkameraden später begegnete.

Im Anschluss an unsere Trainingsabende saßen wir regelmäßig in fröhlicher Runde beisammen. Ich kann heute nicht mehr sagen, wie es zu der Wette gekommen war, aber einer meiner Freunde, ein muskulöser, durchtrainierter, kräftiger Mann in den besten Jahren stellte die Behauptung auf, er würde an einem Tag von Lübeck nach Puttgarden, dem nördlichsten Ort auf der Insel Fehmarn, zu Fuß laufen, ohne Hilfsmittel in Anspruch zu nehmen. Die einzige Bedingung war, dass er im Hellen dort ankommen müsse. Die Strecke verläuft ziemlich eben ohne größere Anstiege, doch sie bemisst knappe 100 km! So beschloss mein Freund, zwei Tage später, am folgenden Samstag, in aller Herrgottsfrühe gegen fünf Uhr loszulaufen. Ich fragte ihn, ob er sich

Verpflegung und vor allem etwas zu trinken mitnehmen wolle. Er verneinte mit der Begründung: „Das ist alles Ballast.« Wenn er meint, dachte ich...

»Wenn ich rechtzeitig mit meiner Arbeit fertig bin – ich habe mir Samstag einige Patienten bestellt und muss dann noch Krankenbesuche machen – fahre ich mit dem Auto die Strecke ab und bringe dir ein Schinkenbrötchen und etwas zu trinken. Aber verlass dich nicht drauf. Ich weiß nicht, ob ich pünktlich fertig werde.« Gesagt, getan. Ich beeilte mich am Sonnabend und fuhr nach dem Dienst los. Trotzdem war die Uhr schon mittags nach zwölf, als ich startete. Im Gepäck hatte ich zwei frische Brötchen, eines mit Mettwurst, das andere mit saftigem Räucherschinken belegt. Außerdem hatte meine Frau mir eine Thermoskanne mit Kaffee und eine große Flasche mit Wasser eingepackt.

Bis Neustadt an der Ostsee gab ich Gas, weil ich dachte, dass mein Freund bis hier allemal gekommen sein müsste, wenn er, wie angekündigt, um fünf Uhr starten wollte. Das Wetter war ideal, eine leichte Wolkendecke am Himmel, durch die immer wieder einmal die Sonne durchlugte und knappe 20 Grad. Ich fuhr langsam an Lensahn, Oldenburg und Großenbrode vorbei und über die gigantische Fehmarnsundbrücke auf die Insel. »Donnerwetter«, dachte ich, »wenn er jetzt schon angekommen sein sollte, hat er aber einen ordentlichen Zahn vorgelegt!« Doch ich konnte ihn nicht entdecken, auch nicht, als ich am Fährhafen in Puttgarden angekommen war. Inzwischen war es zwei Uhr mittags geworden. Ich kehrte um und fuhr die Strecke langsam noch einmal ab. Wieder konnte ich auf 40 Kilometern nichts finden, was nach meinem Freund aussah. Langsam machte ich mir Sorgen.

Er hatte mir die Strecke genau beschrieben, die er benutzen wollte, so dass ich sicher war, dass ich die richtige Straße absuchte. In Lensahn fand ich eine Möglichkeit zum Telefonieren. Es hätte ja sein können, dass er aus irgendeinem Grund den Lauf abgebrochen hatte und vorzeitig nach Hause gefahren war. Ein Mobiltelefon, über das er mich hätte informieren können, gab es noch nicht. Doch zu Hause war er nicht. Jetzt war guter Rat teuer! Sollte etwa etwas passiert sein? Auf den Nebenstraßen war kaum Verkehr. Ich überlegte kurz, ob ich im Krankenhaus in Neustadt anrufen sollte, um zu fragen, ob mein Freund dort als Unfall eingeliefert worden sei. Doch ich verwarf diesen Gedanken und beschloss, die Strecke noch einmal ganz langsam, im Schritttempo, abzufahren. Systematisch suchte ich das Gelände zu beiden Seiten der Chaussee ab.

Da, plötzlich gewahrte ich links von der Straße im abschüssigen freien Feld zwei Männerbeine! Sie steckten in einem quietsch-grünen Trainingsanzug und gehörten zu einem auf dem Rücken liegenden Mann, der allerdings kaum ansprechbar war. Es war mein Freund aus Lübeck. Wie der aussah! Um Jahre gealtert, zerfurcht im Gesicht, sein Bart zerzaust und die freie Stirn von der Sonne verbrannt. Ich hatte glücklicherweise meinen Arztkoffer dabei, weil ich zuvor ja einige Krankenbesuche gemacht hatte. Da ich keinen Puls fühlen konnte, nahm ich mein Stethoskop und hörte das Herz ab. Es schlug langsam und rhythmisch. Er atmete gleichmäßig, konnte mir nur nicht richtig antworten, weil seine Sprechmuskeln offensichtlich verkrampft waren. Vergeblich versuchte ich den Blutdruck zu messen. Ich konnte einfach keine Pulsationen wahrnehmen.

Nachdem ich ihn in den Schatten gezerrt hatte, lagerte ich die Beine hoch und flößte ihm in kleinen Schlucken erfolgreich das mitgebrachte Wasser ein. An Essen war nicht zu denken. Eine Ampulle Effortil half dem Kreislauf auf die Sprünge, und nach einer halben Stunde gelang es unter Mühen, den kurzen Weg zum Auto zurückzulegen. Seine Muskeln verweigerten einfach den Dienst. Er konnte die Beine nicht anheben und die Füße kaum voreinander setzen. Zum Glück war das Auto komfortabel genug, und wir konnten die Sitze so einstellen, dass eine Liegeposition mit erhöhter Beinablage entstand. Mir gingen viele Gedanken durch den Kopf. Hätte ich das nächste Krankenhaus anfahren sollen? War es zu verantworten, mit einem total kollabierten Patienten unangeschnallt im privaten PKW durch die Gegend zu fahren? Ich tat es, zumal zu Beginn der Rückfahrt wieder ein Blutdruck zu messen war: 80/45!

Wir benötigten für den Weg nach Lübeck unter diesen Umständen sicher zwei Stunden. Ich hielt wiederholt an, reichte ihm Wasser und kontrollierte den Kreislauf und die Lagerung. Als wir schließlich in Lübeck angekommen waren, mussten wir die wenigen Stufen zum Haus der Familie meines Freundes überwinden. Das gestaltete sich noch einmal äußerst schwierig. Die Muskulatur hatte noch keinen Deut von ihrer verkrampften Überspannung nachgegeben. Mit Hilfe seiner Ehefrau gelang es, die kleine Treppe zu erklimmen. Es war noch etwas Zeit bis zum Abend. Mein Freund legte sich ins Bett, um auszuruhen.

Um 20 Uhr waren wir zusammen mit anderen Freunden bei ihm eingeladen. Es gab etwas zu feiern, und bei dieser Gelegenheit sollte eigentlich auch der 100 km-Lauf und damit die erfolgreiche Wette gewürdigt werden. Als wir abends zusammen mit anderen Gästen dort ankamen, hatte sich mein Freund wieder einigermaßen regeneriert. Doch irgendwie sah er verändert aus. »Na ja«, sagte ich mir, »eine solche Strapaze geht eben nicht spurlos an einem vorüber...« Es dauerte noch Stunden, bis wir bemerkten, dass unser Freund sich seinen Vollbart abrasiert hatte. Das hatte sein Äußeres so nachhaltig verändert, und niemandem war es aufgefallen, nicht einmal der Ehefrau.

Wendehälse lassen grüßen

Als 1989 endlich der Traum von der deutschen Wiedervereinigung Wirklichkeit geworden war, saß ich als ordentlich gewähltes Mitglied in der Abgeordnetenversammlung der Kassenärztlichen Vereinigung Schleswig-Holstein. Wie es dazu kam? Ich hatte mich auf die Wahl eingelassen, weil ich der Auffassung bin, man kann nicht immer nur kritisieren und Unzufriedenheit äußern, wenn man selbst nicht bereit ist, sich einzubringen und Verantwortung zu übernehmen. So verbrachte ich unendlich viele Stunden in diesem Gremium auf meinem

Stuhl und hörte mir an, was der Vorstand zu sagen hatte. Von wenigen Momenten abgesehen, war es tote Zeit, die ich da verbrachte.

Nach der politischen Wende beschlossen wir jedoch, unsere Hilfe beim Umbau des Gesundheitswesens im neuen Bundesland Mecklenburg-Vorpommern anzubieten und für die dortigen Kollegen, die eine freiberufliche Niederlassung anstrebten, beratend tätig zu werden. Das war doch einmal ein handfestes Projekt, bei dem es sich lohnte, engagiert mitzuarbeiten! Meine Kontakte zu Ärzten im Kreis Grevesmühlen in Nordwest-Mecklenburg rührten aus der Zeit vor meiner Flucht und waren noch nicht erloschen. So erfuhr ich von einem Freund und früheren Kollegen, dass der ehemalige Kreisarzt, ein strammer Genosse der Sozialistischen Einheitspartei (SED) und Mitarbeiter des Staatssicherheitsdienstes, alle Ärzte, Zahnärzte und Apotheker des Kreises Grevesmühlen zu einer Versammlung eingeladen hatte. Bei diesem Zusammentreffen wollte er die künftigen Strukturen des Kreisgesundheitswesens darlegen und freimütig diskutieren. Diese Informationsveranstaltung fand Anfang 1990 statt, noch bevor die Währungsumstellung vollzogen war. Zu diesem Zeitpunkt waren die Menschen dort noch ängstlich und stark verunsichert. So richtig konnten sie es noch nicht glauben, dass der Spuk vom Sozialismus mit seinen Einschüchterungen und Bespitzelungen wirklich vorbei sein sollte.

Ich hatte mir Uhrzeit und Ort des besagten Veranstaltungsabends nennen lassen und meinem Freund mitgeteilt, ich würde eventuell unangemeldet ganz unvermittelt dort erscheinen.

Ich kämpfte einen schweren Kampf mit mir. Sollte ich wirklich dorthin fahren? In meiner Erinnerung tauchten die Bilder plötzlich wieder auf, die mich daran erinnerten, wie diese regimetreuen Kommunisten uns wie Marionetten eingesetzt, wie sie uns der Staatssicherheit ausgeliefert hatten und wie sie uns erpresserisch zu sogenannter gesellschaftlicher Arbeit verpflichten wollten.

Wer, wenn nicht jemand wie ich, der hautnah erlebt hatte, wie diese Männer ihre Mitarbeiter ausgehorcht, bespitzelt und drangsaliert hatten, sollte denn die Dinge beim Namen nennen? Wer, wenn nicht ich, sollte versuchen, daran mitzuwirken, dass jetzt die richtigen Leute in die entscheidenden Positionen kommen? Nein, es gab keinen Zweifel, ich musste dorthin fahren, koste es, was es wolle. Mein mecklenburgischer Dickschädel obsiegte, und ich fuhr an besagtem Abend gegen den Rat meiner Familie nach Grevesmühlen. Ich hätte es mir mein ganzes Leben lang nicht verziehen, wenn ich diese Gelegenheit verpasst hätte, nur weil ich zu feige war.

Ich war rechtzeitig losgefahren, um auch pünktlich anzukommen. Nachdem ich mir ein Stück vom Krankenhaus entfernt einen Parkplatz gesucht hatte, ging ich das letzte Stück zu Fuß durch die dunklen Straßen. Es war kurz vor 19 Uhr, als ich den Weg hinter der Frauenklinik entlangging, die hell erleuchtete Kulturbaracke vor Augen. Hier fanden schon in früheren Jahren Betriebsversammlungen und Ähnliches statt. Aus der Distanz erkannte ich bereits die typischen, gestikulierenden Bewegungen des Kreisarztes, der im hell erleuchteten Türrahmen stand und jeden der Gäste einzeln begrüßte. Mich konnte er von seinem Standort aus nicht identifizieren, und so nutzte ich die Ankunft einer Gruppe mehrerer Personen, um mit diesem Pulk ins Haus zu schlüpfen.

Mit einem höflichen »Guten Abend« ging ich an ihm vorbei. Sein Händedruck ist mir erspart geblieben. Doch es entging mir nicht, dass mein plötzlicher Auftritt ihm die Sprache verschlagen hatte. Für einen Moment war seine Mimik erstarrt und der Gesichtsausdruck versteinert. Aber er fing sich schnell, hatte wenige Minuten später, als er die Anwesenden offiziell begrüßte und die Versammlung eröffnete, alles wieder unter Kontrolle.

Jener Kreisarzt hatte vor dem Medizinstudium etliche Jahre als Lehrer gearbeitet. Rhetorisch geschickt drückte er seine große Freude und Genugtuung darüber aus, dass die beiden deutschen Staaten nun zueinander gefunden hätten und die Wiedervereinigung unseres Vaterlandes vollzogen sei! Er selbst habe sich in der Sorge um die Zukunft der Gesundheitseinrichtungen und die ungeklärte Situation der Ärzteschaft im benachbarten schleswig-holsteinischen Ratzeburg beim Gesundheitsamt schon einmal vorinformiert. Man habe ihn dort sehr herzlich aufgenommen und mit wegweisenden Informationen versehen, was ihm jetzt das Rüstzeug verschaffe, die Weichen für die Zukunft in die richtige Richtung zu stellen.

Ich spürte, wie meine Zornesader angesichts dieser Selbstdarstellung anschwoll. Da versuchte dieser Kerl doch tatsächlich wieder, die Zügel an sich zu reißen, und tat so, als wäre nur er dazu in der Lage, die Ärzte und Apotheker der Region auf den neuen Weg zu bringen. Er beendete seine Rede mit einem »Gemeinsam-sind-wir-stark« und versprach allen, mit Rat und Tat hilfreich mitzuwirken. Dann rief er zur Diskussion auf.

Ich war erschüttert. Obwohl so viele offene Fragen im Raum standen, etwa die Niederlassungsfreiheit für alle ambulant tätigen Ärzte und Zahnärzte oder die veränderten Versicherungsbedingungen der Patienten, die unterschiedlichsten Krankenkassen, Gebührenordnungen, Formulare, die vielen neuen Medikamente und vieles andere ungeklärt waren, es kam einfach keine Diskussion in Gang. Als eine längere beklemmende Pause das Ende der Diskussion befürchten ließ, meldete ich mich zu Wort. Der Diskussionsleiter, ein Kollege, den ich von früher nicht mehr kannte, erteilte mir das Wort. Da ich in einer der vorderen Reihen Platz genommen hatte, drehte ich mich um, nachdem ich aufgestanden war, schaute in die offenen Gesichter meiner Kollegen und stellte mich vor: »Für alle diejenigen, die mich nicht mehr aus der Zeit kennen, als ich bis 1975 in diesem Kreis als Arzt gearbeitet habe, stelle ich mich noch einmal vor. Mein Name ist Dietrich von Maltzahn. Ich lebe seit der Entlassung aus den Zuchthäusern der DDR seit 1977 mit meiner Familie in Lübeck. Ich bin nicht wegen einer persönlichen Vergangenheitsbewältigung hierher gekommen. Vielmehr bin ich als Vertreter der Abgeordnetenversammlung der kassenärztlichen Vereinigung Schleswig-Holstein angereist, deren ordentlich gewähltes Mitglied ich bin. Wir haben auf unserer letzten Sitzung beschlossen, den niederlassungswilligen Kollegen in Mecklenburg Hilfe zukommen zu lassen. Dafür hat jeder einzelne Arzt in Schleswig-Holstein einen finanziellen Beitrag geleistet. Das Geld ist als Starthilfe für die ersten Schritte in der Freiberuflichkeit gedacht. Nur möchten wir gerne wissen, wer über dieses Geld verfügt, es verwaltet und verteilt, ob es die gleichen Leute sind, die uns jahrelang betrogen und belogen haben und immer nur in die eigene Tasche gewirtschaftet haben (dabei zeigte ich mit meiner rechten Hand auf den entsetzt dreinschauenden Kreisarzt von gestern), oder ob es neue Leute gibt, die sich zutrauen, das Zepter in die Hand zu nehmen und neue Maßstäbe zu setzen, damit möglichst viele Kollegen möglichst rasch freiberuflich in eigener Praxis selbständig arbeiten können.«

An dieser Stelle bekam ich viel Beifall. Da ich aber mit meiner Offerte noch nicht fertig war, sagte ich weiter: »Neben der finanziellen Hilfe bieten die Ärzte in Schleswig-Holstein ihren Kollegen in Mecklenburg-Vorpommern organisatorische Hilfen beim Übergang in die berufliche Selbstständigkeit an. So habe ich ein lange Namensliste von Kollegen der verschiedensten Fachrichtungen dabei. Sie bieten Ihnen die Möglichkeit zu Hospitationen in ihren Praxen. Da soll nicht über medizinische Fragen gefachsimpelt werden. Nein, es geht um ganz einfache Selbstverständlichkeiten der technokratischen Abwicklung im Berufsalltag. Das sind Fragen der Abrechnung, Krankenhauseinweisung, Haftpflichtversicherung, des Formularwesens und vieles andere mehr.« Nun tauten alle auf. Die Atmosphäre wurde entspannter, und es entwickelten sich interessante Gespräche. Trotzdem hatte ich das merkwürdige Gefühl, in Mecklenburg sei die Wende noch nicht angekommen. Beim Hinausgehen klopfte mir ein älterer Frauenarzt, den ich schon etwa 20 Jahre kannte, von hinten vorsichtig auf die Schulter und flüsterte mir zu: »Herr von Maltzahn, seien Sie bloß vorsichtig, die Ohren und Augen der Staatssicherheit sind überall!« Das verschlug mir regelrecht die Sprache. Ich konnte darauf nichts erwidern. Aber es ist wohl etwas Wahres daran, wenn kluge Köpfe prognostizieren, dass drei Generationen ins Land gehen müssen, bis die Einheit in allen Köpfen angekommen ist.

So gäbe es sicher noch die eine oder andere Episode zu erzählen, denn der Gedächtnisfundus eines Arztes, der die praktischen Erfahrungen eines halben Jahrhunderts in sich trägt und sowohl im Osten als auch im Westen das Gesundheitswesen kennengelernt hat, ist unerschöpflich.

Eines aber wurde mir beim Schreiben meiner Erinnerungen klar: Die Leidenschaft für die Medizin hat mein Leben bestimmt, und für diesen Beruf riskierte ich so manche Querlage. So wird es wohl zeitlebens bleiben. Ich hoffe, immer zum Wohl meiner Patienten.

Der Autor

Dietrich von Maltzahn wurde 1940 in Schwerin geboren.

Er studierte Medizin in Rostock und promovierte 1966 zugleich mit dem Staatsexamen. Nach der Facharztausbildung zum Allgemeinmediziner leitete er die Poliklinik Boltenhagen und war später Bereichsarzt für den Klützer Winkel (Nordwestmecklenburg). Massive Drangsalierungen durch die Stasi trieben ihn 1975 zur Flucht. Der fünfte Versuch, die DDR zu verlassen, endete für die Familie von Maltzahn in Leipzig mit der Verhaftung. Nach zweijähriger Haft wurde Dr. von Maltzahn 1977 freigekauft und in die Bundesrepublik entlassen.

In Lübeck, seiner zweiten Heimat, arbeitet er seitdem als Arzt in freier Praxis. Über die Haft seiner Familie in den Zuchthäusern der DDR berichtete Dietrich von Maltzahn in seinem Buch »Mein erstes Leben oder Sehnsucht nach Freiheit«, das bisher in vierter Auflage erschien.

Aus dem Verlagsprogramm

3. erweiterte und
aktualisierte Auflage 2014,
kartoniert
ISBN 978-3-937723-15-0
15,90 Euro

Ein Buch, dessen 1. Auflage schon nach wenigen Wochen vergriffen war: Es ist eine aufregende Reise in die jüngste deutsch-deutsche Geschichte. Sie führt in den DDR-Alltag an der Lübecker Bucht, in einstige Grenz- und Sperrzonen. In eine Zeit, in der Menschen direkt am Ostseestrand wohnten und das Meer vor ihrer Haustür erst nach dem Fall der Mauer sehen durften. Eine Zeit mit Wachtürmen und Kontrollen, Minen und Hundelaufanlagen, Denunziationen und Zwangsumsiedlungen.
Autor Dorian Rätzke sprach mit Zeitzeugen – darunter Bundesaußenminister a. D. Hans-Dietrich Genscher. Und er fand in Archiven bedrückende, bislang unveröffentlichte Dokumente, die das Leben bis zum Mauerfall auf berührende Weise in Erinnerung rufen.

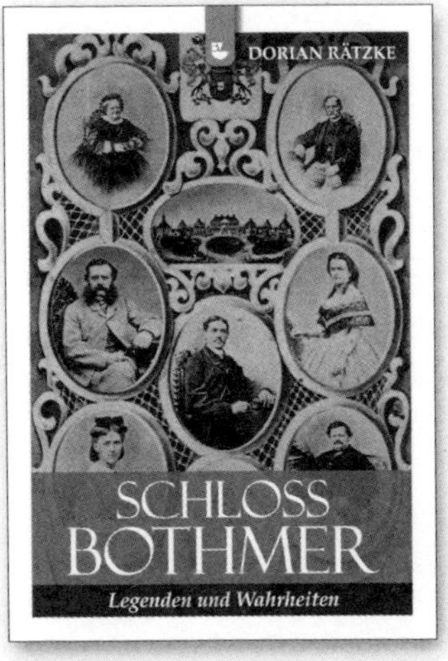

Aus dem Verlagsprogramm

1. Auflage 2013,
200 Seiten, kartoniert
ISBN 978-3-937723-14-3
15,90 Euro

Auch Schlösser haben ihr Schicksal. Wer könnte das besser bezeugen als Schloss Bothmer im mecklenburgischen Städtchen Klütz. Reichsgraf Hans Caspar von Bothmer, Diplomat in englischen Diensten, ließ es von seinem Baumeister Johann Friedrich Künnecke errichten. 1732 war der barocke Prachtbau vollendet, das Jahr, in dem der Bauherr starb. Das Ende des Schlosses schien knapp 300 Jahre später besiegelt, als es für 1 (!) Mark zum Verkauf stand. Dieses Buch erzählt seine Rettung – aber auch seine wechselvolle Geschichte in gräflichen und sozialistischen Zeiten, illustriert mit zum Teil erstmals veröffentlichten Dokumenten und Fotos, und beglaubigt von Zeitzeugen. Bothmer-Spuren führen selbst zum Komponisten Georg Friedrich Händel und zum Politiker Willy Brandt.

Aus dem Verlagsprogramm

4., aktualisierte und erweiterte Auflage 2012,
186 Seiten, kartoniert
ISBN 978-3-937723-18-1
14,90 Euro

Die Halbinsel Tarnewitz (Ostseebad Boltenhagen) war ein Ort technischer Höchstleistungen und menschlicher Tragödien. Heute befindet sich auf dem einstigen Flugplatz aus dem Dritten Reich ein weiträumiges Urlaubsareal, die „Weiße Wiek". Doch nach wie vor ranken sich Mythen und Legenden um diese Halbinsel. Was ist dran an vergrabenen Schätzen, versteckten Akten, geheimen Bunkern? Die Autorin befragte Zeitzeugen und Experten, entdeckte in Privatarchiven weitgehend unbekannte Fotos und aufschlussreiche Dokumente über die geheime Erprobungsstelle der Nazi-Luftwaffe. Entstanden ist ein spannender Exkurs von 1935 bis in unsere Tage.

Tarnewitzer Huk 18 | 23946 Ostseebad Boltenhagen
Tel. / Fax: 038825 - 379944 | www.boltenhagenverlag.de
Satz und Gestaltung: Clara Lessenthin, Lübeck
Illustrationen: Privatarchiv Rätzke
Fotos: Axel Berkenthien (Titel), Dorian Rätzke
Gesamtherstellung: Boltenhagen Verlag

1. Auflage 12 / 2013
ISBN 978-3-937723-23-5